ISBN 978-3-662-42883-2   ISBN 978-3-662-43169-6 (eBook)
DOI 10.1007/978-3-662-43169-6

Ausgegeben im November 1929

DAS ÖSTERREICHISCHE LEBENSMITTELBUCH
CODEX ALIMENTARIUS AUSTRIACUS

II. Auflage

Herausgegeben vom Bundesministerium für soziale Verwaltung, Volksgesundheitsamt, im Einvernehmen mit der Kommission zur Herausgabe des Österreichischen Lebensmittelbuches

Vorsitzender: o. ö. Prof. Dr. *Franz Zaribnicky*

XIII.
Kosmetische Mittel

Referent: Min. Sekr. Dr. *Adolf Schugowitsch*
(Bundesministerium für soziale Verwaltung)

Gegenstand dieses Kapitels sind jene kosmetischen Mittel, die
a) nicht als Arzneimischungen zu qualifizieren sind,[1])
b) nicht nach ärztlicher Verschreibung zubereitet oder verkauft werden,[2])
c) nicht nach den Bereitungsvorschriften der österreichischen Pharmakopöe dargestellt sind.[3])

Die Erzeugung der kosmetischen Mittel im Sinne dieses Kapitels und der Verkehr mit ihnen unterliegt — von den gewerberechtlichen Erfordernissen abgesehen — den Bestimmungen des Gesetzes vom 16. Jänner 1896, RGBl. Nr. 89 vom Jahre 1897 („Lebensmittelgesetz")[4]) und der auf Grund dieses Gesetzes erlassenen Ministerialverordnung vom 17. Juli 1906, RGBl. Nr. 142,[5]) die mit der Ministerialverordnung vom 10. November 1928, BGBl. Nr. 321, insbesondere in jenen Bestimmungen teilweise abgeändert wurde, die sich besonders auf die kosmetischen Mittel beziehen. Nicht unerwähnt soll auch die Ministerialverordnung vom 18. April 1908, RGBl. Nr. 77, bleiben, welche die Untersuchung der Farbstoffe zum Gegenstande hat.

Bei der Einfuhr kosmetischer Mittel aus dem Auslande sind die in der Ministerialverordnung vom 22. Juni 1927, BGBl. Nr. 207, enthaltenen Verbote zu beachten. Von diesen Verboten sind nicht nur einzelne dort namentlich angeführte Präparate, sondern auch im allgemeinen jene Zubereitungen betroffen, deren Zusammensetzung unbekannt ist und bei denen die Annahme begründet erscheint, daß sie „gesundheitsschädlich wirken oder durch die Art ihrer Anpreisung

---

[1]) § 2, Absatz 2, der Min. Vdg. vom 17. Sept. 1883, RGBl. Nr. 152.
[2]) § 1, Absatz 1, der Min. Vdg. vom 17. Sept. 1883, RGBl. Nr. 152.
[3]) § 1 der Min. Vdg. vom 17. Juni 1886, RGBl. Nr. 97.
[4]) Siehe insbesondere die §§ 16 und 18 dieses Gesetzes.
[5]) Von dieser Vdg. kommen insbesondere die §§ 7, 8 und 15 in Betracht.

zur Ausbeutung oder Irreführung dienen". Hinsichtlich der Verantwortlichkeit bei der Einfuhr kosmetischer Mittel nach Österreich hat der Oberste Gerichtshof mit der Entscheidung vom 8. August 1911, Kr VII 69/11, zu Recht erkannt: „Wer ausländische kosmetische Mittel im Inlande einführt, hat, bevor er sie in Verkehr bringt, bei sonstiger Verantwortlichkeit für die Verletzung etwa bestehender Verkehrsbeschränkungen (§ 10 Lebensmittelgesetz) deren chemische Zusammensetzung festzustellen."

1. Beschreibung

Allgemeines. Die kosmetischen Mittel sind Zubereitungen der verschiedenartigsten Zusammensetzung, die, ohne Heilmittel zu sein, namentlich der Pflege der Haut und ihrer Gebilde, also der Nägel und Haare, ferner der Mundhöhle und der Zähne dienen und gewöhnlich unter Phantasiebezeichnungen in den Verkehr gelangen. Sie dürfen, wie hier gleich eingangs zur Vermeidung von Wiederholungen ganz allgemein gesagt sei, von anorganischen Stoffen, mit einigen noch besonders zu besprechenden Ausnahmen, Antimon, Arsen, Baryum, Blei, Cadmium, Chrom, Kupfer, Quecksilber, Uran, Zinn und Zink, dann organische Giftstoffe, wie Blausäure und die giftigen Cyanide, Oxalsäure, Pikrinsäure[1]) und deren Salze, gechlorte Kohlenwasserstoffe und deren Derivate, ferner natürliche und künstliche organische Basen, weiters die in § 2 der genannten Verordnung näher bezeichneten Teerfarbstoffe und alle Substanzen, die in der Art und Form ihrer Anwendung die menschliche Gesundheit zu beschädigen geeignet erscheinen, nicht enthalten. Nur für kosmetische Mittel, die ausschließlich zur Pflege der Haut und ihrer Gebilde, nicht aber zur Pflege der Lippen, der Mundhöhle und der Zähne dienen, also z. B. bei Seifen, Schminken und kosmetischen Salben, ist die Verwendung von Baryumsulfat, Cadmiumsulfid, Chromoxyd, Zinkoxyd,[2]) Zinkstearat, Zinksulfid, Zinnoxyd, Zinnober, basischem Wismutnitrat und basischem Wismutchlorid, bei den Mitteln zur Haarpflege jene beschränkter Mengen von Kupfer und Kupferverbindungen zulässig. Im allgemeinen unzulässige, jedoch für bestimmte, weiter unten ausdrücklich angegebene Zwecke oder bis zu den angeführten Konzentrationen gestattete Bestandteile sind ammoniakalische Silberlösung, Wasserstoffsuperoxyd, übermangansaures Kalium, Kaliumchlorat und geringe Mengen von freien Alkalien und Mineralsäuren, ferner Tetrachlorkohlenstoff und Hexamethylentetramin.

Zu den verbotenen Stoffen gehören ferner auch jene medikamentösen Stoffe, deren Verkauf an eine ärztliche Verschreibung gebunden oder den Apotheken vorbehalten ist; die Verwendung von neu ein-

---

[1]) Auf Grund der Vdg. vom 17. Juli 1906, RGBl. Nr. 142, § 2, II.
[2]) Zinkoxyd muß in bezug auf Bleifreiheit den in der österr. Pharmakopöe gestellten Anforderungen entsprechen.

geführten und klinisch noch nicht ausreichend erprobten chemischen Verbindungen zur Bereitung kosmetischer Präparate bedarf der ausdrücklichen Genehmigung des Bundesministeriums für soziale Verwaltung, dessen fallweise Entscheidung vor der Inverkehrsetzung eingeholt werden muß.

Im folgenden sollen bei der Besprechung der einzelnen Erzeugnisse lediglich Erläuterungen gegeben und Abweichungen bezüglich der bedingten Zulässigkeit und Konzentration einzelner Stoffe angeführt werden. Dies gilt namentlich hinsichtlich der Verwendung von Phenol und Kresolen, Formaldehyd, Salizylsäure, Pyrogallol, Chinin, organischen Säuren usw. Zur Herstellung kosmetischer Mittel dürfen nur chemische Hilfsstoffe Verwendung finden, die rein und namentlich frei von solchen Verunreinigungen sind, deren Verwendung an sich verboten ist. Schließlich sei noch bemerkt, daß auch die Verwendung des mit dem allgemeinen Denaturierungsmittel denaturierten Spiritus und jene von Methylalkohol[1]) sowie von Propylalkohol zur Bereitung von kosmetischen Mitteln unzulässig ist.

Zur Abfüllung kosmetischer Mittel verwendete Tuben dürfen nicht mehr als 1% Blei oder Zink enthalten und müssen arsenfrei sein. Die Verwendung verzinnter Bleituben, an der Innenseite lackierter oder mit Paraffin usw. überzogener Bleituben ist unzulässig, ebenso die Verwendung von Bleituben mit Papiereinlage. Die Verwendung von Bleifolie ohne Wachspapierzwischenlage zur Verpackung fester kosmetischer Mittel (z. B. Alaunstein), ist ebenfalls unzulässig.

Die kosmetischen Mittel lassen sich nach dem Zwecke ihrer Verwendung etwa in folgende Gruppen einteilen:

A. Kosmetische Mittel zur Hautpflege

1. „Cremes" sind schaumige, gelatinöse oder salbenartige, meist parfümierte Mischungen von Fetten und Ölen (tierischer oder pflanzlicher Herkunft), Wachsarten, Kohlenwasserstoffen (Vaseline, Ceresin und Paraffin), Seifen, Glyzerin, häufig auch medikamentösen Stoffen usw. zum Geschmeidigmachen der Haut. Zu beanstanden ist die Gegenwart von Phenol, Kresol oder Resorzin, von mehr als 0,1% freiem Alkali oder freiem Formaldehyd, von mehr als 0,5% Karbonaten der Alkalien, von mehr als 2% Salizylsäure, dann jene von verbotenen oder ihrer Natur und ihrer Wirkung nach noch nicht vollkommen erforschten chemischen Produkten.

2. Toiletteseifen sind vorwiegend zur Reinigung der Haut bestimmte, künstlich gefärbte oder weiße, parfümierte oder ihrer Aufmachung nach für kosmetische Zwecke auf den Markt gebrachte Zubereitungen aus fettsaurem Alkali, Wasser, Glyzerin, Alkohol, Zucker

---

[1]) Erlaß des k. k. Ministeriums des Innern vom 8. Dez. 1911, Z. 10812 ex 1910, betreffend die Verwendung von Methylalkohol zu Genußzwecken.

usw. Sie dürfen weder mit den gewöhnlichen Haushaltungsseifen und technischen Seifen, noch mit den Medizinalseifen verwechselt werden. Zu den ersteren gehören die oft stark alkalischen und daher die Haut ätzenden „ordinären" Wäsche-, Geschirr- und Fußbodenseifen, zu den technischen Seifen die in den Industrien benötigten zahlreichen Spezialseifen, wie z. B. Walkseifen, Seidenfärberseifen u. dgl., sowie die für besondere Fälle hergestellten Spezialseifen (Silberseife, Bimssteinseife, Marmorgrießseife), zu den Medizinalseifen alle Seifen, die Zusätze ausgesprochen medikamentöser Natur enthalten sowie auch die sogenannten „Desinfektionsseifen" (Salizyl-, Karbol-, Formalin-, Lysol-, Sublimat-, Creolinseife usw.). Der Verkehr mit Haushaltungs- und technischen Seifen unterliegt nur dann den Bestimmungen des Lebensmittelgesetzes, wenn solche Seifen etwa in den Ankündigungen als kosmetische Seifen bezeichnet oder wenn sie unter Umständen in den Handel gebracht werden, die in dem Käufer den Glauben erwecken können, daß sie sich zum Gebrauch bei der gewöhnlichen Toilette eignen. Bezüglich der Bereitung und des Verkaufes der Medizinalseifen, die zum Teil nur gegen ärztliche Verschreibung abgegeben werden dürfen, gelten die Bestimmungen über den Verkehr mit Drogen und Arzneistoffen. Für Toiletteseifen unzulässig ist ein 0,1% übersteigender Gehalt an freiem Alkali, ein Zusatz von Wasserglas, ferner von Borax oder Schwefel ohne Deklaration und die Gegenwart von mehr als 0,5% Karbonaten der Alkalien. Ein Zusatz von Sand, Bimsstein, Marmorgrieß u. dgl. wird zweckmäßig deklariert. Waschpulver, Seifenflocken und Seifenpulver sind nur dann als kosmetische Mittel zu betrachten, wenn sie für Toilettezwecke in den Verkehr gebracht werden; es gilt dann für sie das bei den Toiletteseifen Gesagte, nur ist bei ihnen die Verwendung von Borax auch ohne Deklaration zulässig.

Rasierseifen und -cremes stellen seifenartige Zubereitungen dar, die häufig auch Ammoniak in gebundener oder freier Form enthalten. Die Gesamtmenge des Ammoniaks darf 1% nicht übersteigen. Im übrigen sind Rasierseifen und -cremes nach den für die Toiletteseifen aufgestellten Grundsätzen zu beurteilen.

3. **Puder** sind pulverförmige oder gepreßte Gemische, die als Grundlage Stärke oder Talk, daneben häufig Zinkoxyd, Zinkstearat, Wismutsalze, dann Teerfarben, Riechstoffe usw. enthalten. Unzulässige Zusätze sind: Blei- oder Quecksilberverbindungen mit Ausnahme von Zinnober, ferner Baryumverbindungen mit Ausnahme von Baryumsulfat, ferner Kieselgur. Sie dienen als Deckmittel für die Haut, teils zum Aufsaugen des Schweißes, teils als weiße, rote oder gelbe Schminke. Schweißpulver mit Zusätzen von Phenol, von mehr als 0,5% freiem Formaldehyd, von mehr als 2% Salizylsäure oder mit einem Zusatz von Chromaten sind als Medikamente anzusehen und zu behandeln. Bezüglich der Farbstoffe wird auf die Verordnung vom 17. Juli 1906, RGBl. Nr. 142 verwiesen.

4. **Schminken** sind flüssige oder salbenartige Zubereitungen zur künstlichen Färbung der Haut. Sie kommen in allen Farben und Schattierungen vor. Die flüssigen Erzeugnisse bestehen aus wässerigen, wässerig-alkoholischen oder glyzerinhaltigen Lösungen von Farbstoffen, die salbenartigen aus Verreibungen pulverförmiger Farben mit Öl und Fett. Die bei den Cremes und Pudern aufgestellten Grundsätze gelten auch hier. Die Verwendung von Berlinerblau für blaue und grüne Schminke ist zulässig; bezüglich anderer Farben vergleiche man die oben erwähnte Verordnung.

Betreffend Lippenschminken siehe unter 13. Lippensalben, Lippenstifte, S. 9.

5. **Waschwässer, Schönheitswässer** und **Balsame** sind wässerige oder verdünnt-alkoholische, häufig glyzerinhaltige und parfümierte, bald klare, bald durch ausgeschiedenes Harz, und zwar gewöhnlich Benzoeharz getrübte Flüssigkeiten. Seltener enthalten sie einen schweren Bodensatz von Zinkoxyd oder von unzulässigen Metallverbindungen wie Bleikarbonat, weißem Präzipitat, Kalomel u. dgl.; sie dienen zum Waschen oder Betupfen der Haut, vorwiegend des Gesichtes und der Hände. Hieher gehören auch die unter der Bezeichnung „Busenwässer" vertriebenen kosmetischen Mittel, die ihrer Zusammensetzung nach meist bloß parfümierte, manchmal glyzerin- oder dextrinhältige Flüssigkeiten darstellen. Bezüglich der Waschwässer usw. von anormaler Beschaffenheit gilt das bei den „Cremes" Gesagte. Freie Mineralsäuren und Alkalien sind nur in Spuren, Karbonate der Alkalien bis zu 0,5%, Wasserstoffsuperoxyd bis zu drei Gewichtsprozenten, freier Formaldehyd bis zu 0,5% und Borax, berechnet als $Na_2B_4O_7 + 10\, aq.$, bis zu 5% zu tolerieren.

Als kosmetische Mittel zur Hautpflege gelten endlich auch noch Badezusätze (Badesalze, Fußbademittel usw.), wenn denselben keine Heilwirkung zugeschrieben wird und sie nur Träger von Riechstoffen sind; weiters gehören hieher die sogenannten Massagemittel und Franzbranntwein, endlich verschiedene Zubereitungen zur Pflege der Nägel (Poliermittel), welche mitunter neben Zinnoxyd unzulässigerweise Antimonoxyd enthalten.

B. Kosmetische Mittel zur Haarpflege

6. **Haarwässer** sind flüssige Zubereitungen, die den Haarausfall und die Schuppenbildung verhindern und den Haarwuchs befördern sollen; man verlangt, daß sie dem Haar ein geschmeidiges und gefälliges Aussehen verleihen. Mitunter, aber selten, enthalten sie auch Haarfärbemittel. Manchmal stellen sie Präparate aus Petroleum oder Petroläther dar, die dann auch zum Entfetten der Haare — vor dem Färben — dienen. In der Regel aber bilden wässerige oder alkoholische Flüssigkeiten mit Zusätzen von Glyzerin, Borax, Seife, Benzoe- und

Zimtsäure (aus Perubalsam), gerbstoff- und alkaloidhaltigen Pflanzenauszügen (Chinin und andere Chinaalkaloide), sowie ungiftigen scharfen Stoffen die Grundlage der Haarwässer. Beschränkt zulässig sind hier organische Säuren, wie Essig- oder Milchsäure, bis zu einer Gesamtazidität von 2% (auf die vorwiegend vorhandene Säure berechnet), freies Ammoniak, Phenol und Kresol bis zu 1%, Salizylsäure bis zu 2%. Unzulässig sind Sublimat, chlorierte Kohlenwasserstoffe mit Ausnahme von Tetrachlorkohlenstoff, ferner freie Mineralsäuren, Cantharidin, Senföl, Crotonöl, Veratrin und Pilokarpin sowie Farbbasen.

7. **Haaröle, Pomaden, Brillantinen und Bartwichse** sind flüssige oder feste Fette oder Kohlenwasserstoffgemische, die vorwiegend zum Einfetten des Haares gebraucht werden, denen man aber so wie den Haarwässern häufig noch allerlei kosmetische Eigenschaften zuschreibt. Die Farbe dieser Präparate ist entweder weiß oder gelb, häufig bräunlich von zugesetztem Perubalsam, grün von Chlorophyll, rot von Alkanna oder schwarz von Kienruß. Neben dem Fettgemisch pflegen sie noch ätherische Öle, Pappelknospenharz, Gerbstoffe, Salizyl- und Benzoesäure, Alkaloide (Chinin und andere Chinaalkaloide), ferner Schwefel, Kohle usw. zu enthalten. Hinsichtlich der verbotenen oder beschränkt zulässigen Zusätze gelten die für Haarwässer (s. o.) gegebenen Vorschriften.

8. **Haar- und Kopfseifen** sind zum Waschen des Kopfes bestimmte alkoholische und parfümierte Lösungen von Kaliseife oder mit vegetabilischen Pulvern, wie z. B. Veilchenwurzel, oder auch mit Schwefel versetzte Seifenpulver. Der Zusatz von Pikrinsäure und deren Salzen zu derartigen Mischungen ist verboten. Hieher gehören auch die unter dem Namen „Shampoo" in den Handel kommenden Erzeugnisse. Im übrigen sind die für Toiletteseifen aufgestellten Grundsätze auch hier zu beachten, doch dürfen „Shampoos" kohlensaures und doppeltkohlensaures Alkali bis zu 50% und Borax ohne Deklaration enthalten, wenn in der beigegebenen Gebrauchsanweisung die Lösung des Pulvers in einer großen Wassermenge gefordert wird.

9. **Haarfärbemittel** sind Zubereitungen, deren Aufgabe es ist, die natürliche Farbe des Kopf- oder Barthaares zu ändern oder ergraute Haare zu färben. Sie stellen fast immer wässerige oder wässerig-alkoholische, manchmal auch parfümierte Flüssigkeiten dar, deren Zusammensetzung sehr verschieden sein kann. Häufig liegen zwei bis drei Lösungen vor, die nacheinander anzuwenden oder kurz vor dem Gebrauch zu mischen sind. In diesen Fällen enthält das eine Fläschchen meist die organischen, das andere vorwiegend die anorganischen Bestandteile, doch kommen auch von dieser Regel zahlreiche Ausnahmen vor. Ein wichtiges Haarfärbemittel ist Wasserstoffsuperoxydlösung, bekanntlich eigentlich keine Farbe, sondern ein Bleichmittel. Für sich allein wird sie zum Rot- und Blondfärben der Haare verwendet oder als Vorbereitungsmittel, und zwar dann, wenn

auf die Haare eine lichtere Farbe, als die ursprüngliche war, aufgetragen werden soll. Auch findet man sie als Begleitflüssigkeit bei Haarfärbemitteln, die organische Basen usw. enthalten und zwar in diesem Falle als Oxydationsmittel für die letzteren. Sie ist eine farblose, neutral oder schwach sauer reagierende Flüssigkeit, deren Gehalt an Wasserstoffsuperoxyd unter 3 g in 100 ccm liegen muß. Freie Schwefel- oder Salpetersäure dürfen darin nicht nachweisbar sein, freie Salzsäure höchstens in Spuren, freie Phosphorsäure bis zu einer Gesamtazidität von 5 ccm Normallauge in 100 ccm enthalten sein. Die Lösung darf weder Schwermetalle noch Baryum enthalten. An Stelle von Wasserstoffsuperoxydlösungen ist die Verwendung fester Wasserstoffsuperoxyd-Harnstoffverbindungen zulässig.

Als gesundheitsschädlich sind außer den allgemein verbotenen Präparaten solche anzusehen, die Silberverbindungen in saurer oder neutraler Lösung enthalten. Kupferverbindungen sind hier erst dann zu beanstanden, wenn die vorhandene Kupfermenge 5 g (berechnet als metallisches Kupfer) in 100 g Trockensubstanz überschreitet. Außerdem ist bei Haarfärbemitteln ein Zusatz metallischen Kupfers bis zu 10% gestattet.

Wegen ihrer schädlichen Wirkung auf das Haar dürfen auch Lösungen von übermangansauren Salzen, von freien Mineralsäuren, außer bis zu 0,1% freier Salzsäure und von mehr als 0,3% freier fixer Alkalien als Haarfärbemittel nicht in den Verkehr gebracht werden. Lösungen von Polysulfiden und Wismutkompositionen sind nur mit einer Gesamtalkalinität von nicht mehr als 1%, als Kalium- bzw. Natriumhydroxyd berechnet, zulässig. Ein Zusatz elementaren Schwefels ist zulässig.

Die Verwendung von freiem Ammoniak ist, sofern dadurch Schwermetalle in Lösung gehalten werden, in der hiezu erforderlichen Menge nebst 0,5% Überschuß, sonst bis zu 1% gestattet. Sämtliche organischen Basen, wie auch alle neu eingeführten organischen Präparate gelten so lange als verbotene Bestandteile, bis sie vom Bundesministerium für soziale Verwaltung (Volksgesundheitsamt) nach ausreichender klinischer Erprobung ausdrücklich zugelassen werden. Notorisch gesundheitsschädlich sind Paraphenylendiamin und Metol. Hingegen ist kein Einwand zu erheben gegen ammoniakalische Silberlösungen in Mengen bis zu 3% metallischen Silbers, entsprechend 4,72% salpetersauren Silberoxyds, ferner gegen ammoniakalische Kobaltlösungen, gegen Eisen- und Mangansalze, wie auch gegen alkalische Wismutverbindungen und Doppelsalze des Wismuts, die mitunter unterschwefligsaures Natrium enthalten, ebenso gegen Wolframverbindungen und molybdänsaure Salze, sowie gegen Wasserstoffsuperoxyd von der oben beschriebenen Beschaffenheit. Von organischen Verbindungen sind zulässig: Bis zu 3% Pyrogallol, dann Gerb- und Gallussäure, Teerfarbstoffe, die den Bestimmungen der früher genannten Ministerialverordnung entsprechen, von Giftstoffen freie pflanzliche Pulver (Henna) oder pflanzliche Extrakte (Nußschalen). Die Gegenwart von Alkalisalzen der Paraaminodiphenylaminsulfonsäuren und der Orthoaminophenolsulfonsäure (Eugatol) bietet keinen Grund zur Beanstandung.

10. **Enthaarungsmittel** sind kleisterartige Flüssigkeiten oder pulverförmige, vor dem Gebrauche zu Pasten anzurührende Gemenge oder fertige Pasten, die zur Beseitigung von unerwünschtem Haarwuchs an verschiedenen Körperstellen dienen. Die wirksamen, aber zum Teil nicht einwandfreien Bestandteile solcher Erzeugnisse bilden die Sulfide bzw. Hydrosulfide der Alkalien, Erdalkalien und die Sulfide des Arsens (Realgar und Auripigment), die letzteren in Verbindung mit Kalk. Als Träger verwendet man bei wässerigen Zubereitungen meist einen flüssigen Stärkekleister, bei pulverförmigen Stärke, Zinkoxyd, Magnesia, Kalk, Kreide, Talk, Kieselgur usw. Die Reaktion erweist sich immer stark alkalisch. Unzulässig ist der Vertrieb von Präparaten, die Arsen, Baryum oder Alkalihydrosulfide enthalten, ferner von Enthaarungsmitteln, die Strontium- oder Kalziumsulfid enthalten, wenn die „Alkalität der löslichen Anteile", als Strontium- bzw. als Kalziumhydroxyd berechnet, 8% übersteigt.

C. Kosmetische Mittel zur Mund- und Zahnpflege

11. **Mund- und Zahnwässer** sind für die Reinigung der Mundhöhle und der Zähne, wie auch zur Erhaltung der letzteren bestimmte, in der Regel wässerige oder alkoholische Flüssigkeiten, die Soda, Borax usw., Pflanzenextrakte, Harze, ätherische Öle und bisweilen gewisse Antiseptika wie Formalin, Salol usw. gelöst enthalten und häufig gefärbt sind. Vor dem Gebrauche werden sie mit Wasser stark verdünnt. Ihre physikalischen Eigenschaften, besonders Farbe, Geruch und Geschmack, zeigen mannigfache Verschiedenheiten. Die Reaktion ist alkalisch, neutral oder infolge Gegenwart von Pflanzenauszügen kaum merklich sauer. In Mund- und Zahnwässern dürfen Chlorate und Perchlorate, Formaldehyd, Phenol, Kresol, freie Säuren, also auch Bor-, Benzoe- und Salizylsäure, nicht nachweisbar sein; das Vorhandensein von Salol, Pflanzenauszügen, Karmin und erlaubten Teerfarben, dann von Borax, Soda, Seifen ist hingegen nicht zu beanstanden, ebenso jenes von Saccharin. Sollen Mund- und Zahnwässer in unverdünntem Zustande verwendet werden, dann ist in denselben Wasserstoffsuperoxyd lediglich bis zu einem Gehalte von höchstens 0,6 Gewichtsprozenten, Kaliumpermanganat nur bis zu einem Gehalt von 0,025 g in 100 ccm der Lösung zulässig.

12. **Zahnpulver und -pasten** sind kosmetische Mittel, die vorwiegend zur mechanischen Reinigung der Zähne dienen und zumeist aus kohlensaurem Kalk mit den entsprechenden Zutaten wie Magnesia, Alaun, vegetabilischen Pulvern, Seifen, Glyzerin, ätherischen Ölen

und eventuell Farbstoffen bestehen. Ihre physikalischen Eigenschaften sind sehr verschieden; die Reaktion ist mehr oder weniger alkalisch. Schwermetalle lassen sich gewöhnlich darin nicht nachweisen, obgleich ihre Gegenwart nicht gänzlich ausgeschlossen erscheint. Es kommen auch zum Bleichen der Zähne bestimmte Pasten in den Handel, die aus Bimssteinpulver mit Wasserstoffsuperoxyd bestehen. Diese sind zu beanstanden. Per-Verbindungen sind hier, wie überall, wo dieselben in kosmetischen Mitteln enthalten sein dürfen, nur dann zulässig, wenn bei deren Anwendung keine sauren Verbindungen entstehen. Im übrigen gelten die gleichen Grundsätze wie bei den Mundwässern, doch dürfen Zahnpasten im freien Verkehr bis zu 10% chlorsaures Kalium enthalten. Bei höherem Gehalt an chlorsaurem Kalium unterliegen dieselben den Bestimmungen der Spezialitätenordnung (Min.Vdg. vom 24. Sept. 1925, BGBl. Nr. 380).

13. Lippensalben und Lippenstifte dienen zum Einfetten und Färben der Lippen. Sie dürfen außer der Salbengrundlage und zulässigen Farbstoffen nur völlig indifferente, gegen Säuren und Alkalien völlig beständige, an sich nicht verbotene mineralische Zusätze (z. B. Kaolin) als Farbstoffträger und Deckmittel enthalten. Zubereitungen mit anderen mineralischen oder medikamentösen Zusätzen sind als Heilmittel zu betrachten.

D. Parfüms

14. Hieher gehören alle Präparate, die ausschließlich wegen ihres Wohlgeruches Verwendung finden; zumeist sind sie alkoholische Lösungen ätherischer Öle, anderer aromatischer Stoffe, z. B. Moschus, und künstlicher Riechstoffe wie Vanillin, Cumarin, Piperonal usw. Sie müssen ebenfalls frei von allgemein verbotenen Stoffen, namentlich von Arsen, von freien Mineralsäuren und von freien fixen Alkalien sein.

Produktions- und Handelsverhältnisse. Bei den kosmetischen Mitteln gibt es keine festen Handelsusancen.[1]) Sie stellen in der überwiegenden Mehrzahl Luxus- und Modeartikel dar, welche fast ausschließlich in Originalfüllungen und -packungen zum Verkauf gelangen.

2. Probeentnahme

Für die Entnahme von Proben kosmetischer Mittel zur Analyse und Begutachtung lassen sich angesichts der großen Mannigfaltigkeit der hier in Betracht kommenden Zubereitungen allgemein gültige Vorschriften nicht geben. Wenn möglich, wird es sich immer empfehlen, auf die Originalaufmachungen zurückzugreifen. Mengen von 100 bis 200 g sind in der Regel ausreichend; bei kostbaren Präparaten, z. B. feinen Parfüms, wird man die Arbeiten so einzurichten haben,

---

[1]) Für Seifen und Waschmittel wird auf die besonderen Bedingungen (Usancen) an der Wiener Börse, gültig vom 1. Mai 1927, verwiesen.

daß mit tunlichst geringen Substanzmengen das Auslangen gefunden werde. Manchmal läßt sich eine regelrechte Musterziehung überhaupt nicht bewerkstelligen, worauf bei Besprechung des Untersuchungsganges Rücksicht genommen werden soll.

3. Untersuchung

A. Allgemeine Bemerkungen

Bei der Analyse kosmetischer Mittel hat man vor allem damit zu rechnen, daß vom Untersuchungsmaterial häufig nur verhältnismäßig wenig zur Verfügung steht. Allgemein gültige Regeln über die jeweilig zu verarbeitende Substanzmenge lassen sich daher nicht aufstellen. Der Analytiker muß vielmehr gleich anfangs einen Überschlag machen, wie viel er von der Probe für die einzelnen Operationen verwenden darf und immer einen ausreichenden Anteil für unvorhergesehene Arbeiten, die sich nachträglich als notwendig erweisen, aufbewahren. Im äußersten Falle kann man die zur sofortigen Verarbeitung bestimmte Hälfte in einem bekannten Verhältnis verdünnen. Reicht das Muster, was auch vorkommt, unter gar keinen Umständen zur Prüfung aus und ist die Möglichkeit, eine größere Probe zu beschaffen, ausgeschlossen, so muß dies im Befunde ausdrücklich hervorgehoben werden.

Weiters erscheint es ganz unmöglich, alle Bestandteile kosmetischer Mittel hier namentlich anzuführen. Je nach Intelligenz und Laune der Erzeuger kommen darin die verschiedenartigsten Natur- und Kunstprodukte vor.

Daraus erwächst dem Analytiker die Pflicht, sein Augenmerk nicht nur auf die gebräuchlicheren Stoffe zu richten, er muß vielmehr einen Gang der Analyse wählen, der den Nachweis auch anderer, selten oder nur zufällig vorhandener Stoffe gewährleistet.

Der Analyse hat eine möglichst genaue Ermittlung der physikalischen Eigenschaften, des Aggregatzustandes, der Konsistenz, der Farbe, des Geruchs usw. und der Reaktion gegen Lackmuspapier oder auch gegen andere Indikatoren, bzw. eine Feststellung der Wasserstoffionenkonzentration voranzugehen. Bodensätze sind stets von den darüber stehenden Flüssigkeiten gesondert zu untersuchen. Die Untersuchung wird vorerst allgemein durchgeführt; stößt man hierbei auf schwer agnoszierbare, namentlich organische Körper, so ist, trotzdem sie bedeutende Schwierigkeiten verursacht, ja sogar resultatlos verlaufen kann, eine besondere Prüfung mit größeren Mengen des ursprünglichen Materials nicht zu umgehen. Ein eventueller negativer Befund muß im Zertifikat angeführt werden.

Die allgemeine Analyse hat sich stets auf folgende Gruppen von Körpern zu erstrecken:

I. Gruppe. Hierher gehören die anorganischen Substanzen, wie Schwermetalle der Schwefelwasserstoff- und Schwefelammoniumgruppe, die Alkalien und Erdalkalien, wie auch Ammonium, freie und gebundene Mineralsäuren, dann Hyperoxyde, Sulfide, Sulfite, Hyposulfite, Thiosulfate, Borate, Karbonate usw. Die in verdünnten Säuren unlöslichen anorganischen Stoffe, die nicht Schwermetallverbindungen oder Schwefel sind (wie Talk, Schwerspat usw.), haben für die Begutachtung geringe Bedeutung und werden nur bei ausführlicheren Analysen berücksichtigt. Die Gegenwart unlöslicher Schwermetallverbindungen verrät sich häufig schon durch die Farbe; sind sie weiß wie Quecksilberchlorür und Antimon- oder Zinnoxyd, so erkennt man sie als solche beim Betupfen mit Schwefelammonium. Die Prüfung auf lösliche Verbindungen von Schwermetallen und anderen Basen erfolgt je nach der Natur der zu prüfenden Substanz nach einem der folgenden Verfahren:

a) Unmittelbar in der Probe bei wässerigen, bei wässerig-alkoholischen Flüssigkeiten jedoch nach vorherigem Abdampfen des Alkohols.

b) In dem mit verdünnter Salpetersäure und Wasser unter Erwärmen hergestellten Auszuge (bei Salben, Cremes, Seifen usw.).

c) In der nach Behandlung mit konzentrierter Salpetersäure und Zerstörung der organischen Substanz mit konzentrierter Schwefelsäure im *Kjeldahl*kolben erhaltenen, mit Wasser verdünnten, ausgekochten Flüssigkeit und ihrem Bodensatz. Dieses Verfahren ist in allen Fällen anwendbar, namentlich wenn reichlich organische Stoffe, außer Fetten, die Grundlage bilden.

d) In der nach Zerstörung der organischen Substanz mit Kaliumchlorat und Salzsäure erhaltenen Flüssigkeit.

e) In der Asche (immer brauchbar, wenn keine flüchtigen Metallverbindungen vorliegen; namentlich muß auf Quecksilber und Arsen in anderer Art geprüft werden).

Arsen weist man am besten in der nach c) erhaltenen Lösung nach. Als Vorprobe dient die Methode von *Gutzeit*[1]); falls diese positiv ausfällt, gelangt der *Marsh*sche Apparat zur Verwendung, wobei durch Vergleich mit „Normalspiegeln" auch die Menge des Arsens ermittelt werden kann. Spuren von Quecksilber werden nach der Methode von *Ludwig*[2]) erkannt. Auf Mineralsäuren und deren Salze prüft man bei Flüssigkeiten in der Probe selbst, bei festen Körpern in einem entsprechenden Auszuge.

II. Gruppe. Diese Gruppe umfaßt die flüchtigen organischen Körper. Man destilliert von einem Teil der Probe unter Bestimmung des Siedepunktes etwa zwei Drittel ab (Siedeauslöser!). Feste, fettartige oder stark alkoholische Proben werden vorher mit Wasser versetzt, neutrale oder alkalische Flüssigkeiten hierauf bis zur eben schwach sauren Reaktion (am besten mit Phosphorsäure) ange-

---

[1]) *Flücker*, Zeitschrift des Allgemeinen österreichischen Apothekervereines, 1889, S. 163.
[2]) Zeitschrift für analytische Chemie, 1881, S. 475.

säuert. Die Anwesenheit von Äther, Petroläther und Alkohol gibt sich durch den Siedepunkt zu erkennen. Besteht das Destillat aus zwei Schichten (Äther, Petroläther, Tetrachlorkohlenstoff oder dergleichen), so werden sie in einem kleinen Scheidetrichter voneinander getrennt, was häufig erst nach Zusatz von Wasser und Kochsalz oder, bei alkoholischen Flüssigkeiten, die ätherische Öle usw. enthalten, von Chlorkalzium gelingt; an dem Geruch erkennt man meist die Gegenwart von Nitrobenzol, Bittermandelöl, Kampfer, Terpentinöl, Pfefferminzöl usw. Auch die anderen Riechstoffe gehen fast ausnahmslos in das Destillat über. Bei saurer Reaktion des Destillats prüft man auf Essigsäure, Ameisensäure und eventuell auf andere flüchtige organische Säuren; zur Unterscheidung kann man das Verhalten zu Eisenchlorid in neutraler Lösung, zu Silbernitrat und zu Quecksilberchlorid und die Esterbildung bei der Behandlung mit konzentrierter Schwefelsäure und Alkohol verwenden. Im Destillat werden ferner nachgewiesen: Alkohol mit Jod und Kalilauge (Geruch und Bildung von Jodoformkristallen), Formaldehyd mit Phloroglucin und Kalilauge (Rotfärbung in der Kälte), Phenole durch den Geruch und mit Eisenchlorid (Violett- oder Blaugrünfärbung) sowie mit Bromwasser (Fällung), endlich Cyanwasserstoff (aus Bittermandelöl usw.) mit Eisenvitriol, Eisenchlorid und Kalilauge (Bildung von Berlinerblau durch Aufkochen und darauf folgendes Ansäuern mit Salzsäure). Als Vorprobe für die Blausäurereaktion kann auch die Blaufärbung mit Guajaktinktur und etwas Kupfervitriollösung dienen. Es ist zu bemerken, daß in das Destillat auch Spuren von Salizylsäure, Benzoe- oder Borsäure übergehen können.

III. Gruppe. In diese Gruppe fallen die nicht oder schwer flüchtigen organischen, in angesäuertem Wasser löslichen Verbindungen. Zur Prüfung verwendet man die alkoholfreien Flüssigkeiten ohne weitere Vorbereitung, die alkoholischen nach Zusatz von Wasser, schwachem Ansäuern und Vertreiben des Alkohols, bei festen und fettartigen Substanzen die filtrierten und angesäuerten, bei gelinder Wärme hergestellten, wässerigen Auszüge. Mangelt es an Material oder liegen größere Mengen flüchtiger Körper vor, wie zum Beispiel ätherische Öle, so kann man den Destillationsrückstand von der II. Gruppe verwenden.

Die Körper dieser Gruppe gehen entweder aus der sauren wässerigen Lösung beim Ausschütteln mit Äther in diesen über, oder sie werden aus der alkalischen Lösung von Äther aufgenommen, oder sie verbleiben bei der Behandlung mit Äther überhaupt vollständig oder fast vollständig in der wässerigen Lösung. Man teilt daher die zu prüfende Flüssigkeit in zwei Teile, deren erster für die Ausschüttelung mit Äther (1. und 2. Untergruppe) bestimmt ist, während die zweite Hälfte zum Nachweis von Körpern der 3. Untergruppe verwendet wird.

1. Untergruppe. Der erste Teil der Flüssigkeit wird, wenn er saure Reaktion zeigt, sofort, sonst nach dem Ansäuern mit verdünnter

Schwefelsäure im Scheidetrichter mehrmals mit Äther ausgeschüttelt und letzterer nach erfolgter Trennung von der wässerigen Flüssigkeit bei gelinder Wärme verdunstet. Man beobachtet, ob ein merklicher Rückstand zurückbleibt und stellt seinen Geruch und vorsichtig auch den Geschmack fest. Bezüglich der Reaktionen der einzelnen zu dieser Untergruppe gehörigen Stoffe vgl. S. 17; ihre wichtigsten Vertreter sind: Phenole, Resorzin, Benzoesäure, Salizylsäure (Salol), Pyrogallol, Gallussäure, Pikrinsäure, Cantharidin und andere scharfe Stoffe, dann Milchsäure, in geringer Menge auch viele Gerbstoffe usw.

2. Untergruppe. Die von der ersten Ausschüttelung verbleibende saure, wässerige Flüssigkeit wird durch vorsichtiges Erwärmen auf dem Wasserbade vom Äther befreit, dann mit Lauge alkalisch gemacht und nach völligem Auskühlen neuerdings wiederholt mit Äther ausgeschüttelt. Den Abdampfrückstand löst man bei gelinder Wärme in etwas Wasser und einem Tröpfchen verdünnter Salzsäure, verteilt die Lösung tropfenweise auf Uhrgläser und prüft mit den allgemein bekannten Reagentien für Alkaloide, wie Jod-Jodkalium, Kaliumquecksilberjodid, Phosphorwolfram- und Phosphormolybdänsäure, Platinchlorid usw. auf die Gegenwart solcher; bezüglich der weiteren Prüfung bei positivem Ausfalle der Reaktionen vgl. S. 30. Es gehören hierher nicht nur die natürlichen organischen Basen oder Alkaloide, von denen man vorwiegend Chinin und seine Begleitbasen, Pilokarpin, Veratrin usw. antrifft, sondern auch die künstlichen organischen Basen, wie Anilin, Pyridin und Chinolin oder deren Derivate, und endlich die sogenannten „Färbebasen", wie Paraphenylendiamin, Paraaminodiphenylamin und ähnliche Stoffe.

Nicht unerwähnt darf bleiben, daß sich die Teerfarbstoffe, je nach ihrer sauren oder basischen Natur, in einer oder der anderen der zwei eben besprochenen Untergruppen vorfinden können. Häufig wird man ferner die vorhandenen Körper bei nur einmaliger Ausschüttelung nicht in dem zur Ausführung von Spezialreaktionen erforderlichen Grade der Reinheit erhalten und wird sie daher in bekannter Weise weiter reinigen müssen.

Als anderer Weg zur Reinigung vieler Körper ist auch die Sublimation sehr vorteilhaft, deren einfachste Ausführung allgemein bekannt ist, doch werden sich die modernen Mikromethoden hiefür besonders eignen.[1]) Die Sublimationsmethode eignet sich besonders zur Reinigung von Benzoesäure, Salizylsäure, Pyrogallol, Paraphenylendiamin und anderen Färbebasen usw. Zur Abscheidung leicht oxydierbarer Basen verdampft man zweckmäßig den Äther im Wasserstoffstrome, wodurch sogleich bedeutend reinere Produkte erhalten werden.

3. Untergruppe. Man dampft die zweite Hälfte der Probe (S. 12),

---

[1]) *Mayerhofer*, Mikrochemie d. Arzneimittel u. Gifte, 1923, Wien-Berlin, Urban u. Schwarzenberg.

nach Beseitigung etwa vorhandener Körper der 1. und 2. Untergruppe auf dem Wasserbade ein und prüft, wenn die Lösung gefärbt ist, zunächst auf Teerfarben. Es können weiters zugegen sein folgende organische Säuren: Oxalsäure, Weinsäure, Zitronensäure und Äpfelsäure. Man scheidet sie durch Fällung mit Bleiessig und Zersetzung des Niederschlags durch Schwefelwasserstoff ab und identifiziert sie nach den üblichen Methoden. Bei der Behandlung mit Bleiessig fallen auch Gerbstoffe und viele sogenannte „Extraktstoffe" aus; jene erkennt man an ihrem Verhalten zu Eisenchlorid (Schwärzung oder Bläuung), diese lassen sich überhaupt nicht näher bestimmen. Bei Gegenwart von Extraktstoffen enthält die Asche mehr oder weniger Phosphorsäure. Andere Substanzen der 3. Untergruppe sind Glyzerin, Zucker, Dextrin, arabisches Gummi und Pektinstoffe (Tragant). Das Glyzerin erkennt man an der schmierigen Beschaffenheit des Abdampfrückstandes und an der Akroleinbildung beim Erhitzen mit saurem schwefelsaurem Kalium oder es wird durch eine der folgenden Farbenreaktionen nachgewiesen: Zuerst wird die glyzerinhaltige Flüssigkeit mit der doppelten Menge frischen Bromwassers 10 Minuten im siedenden Wasserbade erwärmt und hierauf das überschüssige Brom durch einen Luftstrom entfernt. 1. Einige Tropfen dieser Flüssigkeit mit zwei Tropfen einer 5%igen alkoholischen Codeinlösung und 2 ccm konzentrierter Schwefelsäure im Wasserbade erhitzt, geben bei Anwesenheit von Glyzerin eine grünlichblaue Färbung; 2. 0,5 ccm der auf Glyzerin zu prüfenden Flüssigkeit mit zwei Tropfen einer alkoholischen 2%igen Beta-Naphtollösung und 2 ccm konzentrierter Schwefelsäure gibt beim Erhitzen im Wasserbade eine smaragdgrüne Färbung mit ebensolcher Fluoreszenz. Mit Resorzin erhält man unter gleichen Verhältnissen schon bei gewöhnlicher Temperatur eine blutrote Färbung, welche durch Eisessig rotgelb wird. Auch Thymol gibt weinrote Färbung. Sind neben Glyzerin andere Stoffe, insbesondere Zucker, in reichlicher Menge vorhanden, so muß man zu seiner Abscheidung folgenden Weg einschlagen: Man versetzt die auf Glyzerin zu prüfende Flüssigkeit mit pulverigem Kalkhydrat und Seesand und verdampft auf dem Wasserbade zur teigigen Konsistenz, entzieht dem gepulverten Rückstande nach dem Erkalten das Glyzerin durch eine Mischung gleicher Teile Alkohol und Äther, verdampft die Äther-Alkoholmischung und verwendet den Rückstand zu den oben angeführten Reaktionen. Pektinstoffe und Gummi fallen mit Bleiessig aus. Zucker und Dextrine werden durch das Verhalten gegen *Fehling*sche Lösung vor und nach der Inversion und durch die Polarisation ihrer Lösungen identifiziert. Am Geruch beim Verbrennen läßt sich das Vorhandensein von Eiweißkörpern erkennen, falls sie nicht etwa schon beim Erwärmen mit Salzsäure ausgefallen sind.

IV. Gruppe. Diese Gruppe enthält die im angesäuerten Wasser unlöslichen organischen Körper, wozu vorwiegend die „Grundlagen" salbenartiger kosmetischer Mittel, Fette, aus Seifen abgeschiedene Fettsäuren und Kohlenwasserstoffe, insofern sie nicht flüchtig sind, gehören. Sie werden erforderlichenfalls abgeschieden, gereinigt und nach den Regeln der Fettanalyse untersucht. Von medikamentösen Stoffen findet man in dieser Gruppe zur Gänze oder zum Teil die nicht oder nur schwer in Wasser löslichen organischen Verbindungen. Scheiden sie sich aus den alkoholischen Flüssigkeiten beim Verdünnen mit Wasser und Abdampfen feinkristallinisch aus, so lassen sie sich wie Naphtol, Salol usw., falls man die Flüssigkeit nicht vorher filtriert, durch Äther ausschütteln, oder man vermag sie auf dem Filter zu sammeln, entsprechend zu reinigen und so für die weitere Untersuchung vorzubereiten. Aus salbenartigen Präparaten kann man solche in angesäuertem Wasser unlösliche Körper entweder, und zwar wenn sie in der Fettmasse unlöslich sind (Dermatol usw.), durch Ausschmelzen und Filtrieren des Fettes abscheiden oder, wenn sie fettlöslich sind, durch Behandlung der Fettmasse mit verdünntem Alkohol (zum Beispiel Naphtol) ausziehen. Bei unlöslichen organischen Metallverbindungen wird man vielfach den metallischen Anteil der Verbindung schon festgestellt haben und die Isolierung nur zur Sicherstellung des organischen Restes vornehmen. Weiters gehören hierher die Harze und Balsame, deren nähere Identifizierung häufig nicht möglich ist, besonders, wenn sie nicht etwa lösliche Stoffe, wie Benzoesäure, Zimtsäure usw. an Wasser abgeben, dann die Eiweißstoffe und die Stärke, falls sie bei der vorangegangenen Behandlung nicht in wasserlösliche Modifikationen übergeführt worden sind. Endlich wären noch die Zellulose und die übrigen in Wasser unlöslichen Anteile der Pflanzenpulver zu erwähnen. Letztere und alle Bodensätze von Flüssigkeiten sind stets einer mikroskopischen Prüfung zu unterziehen.

Quantitative Bestimmungen sind bei giftigen oder bedenklichen Stoffen, zum Beispiel Blei, Silber, Kupfer, Quecksilber, freien Alkalien und Säuren, stets auszuführen; im übrigen wird man zu trachten haben, mindestens eine Gehaltszahl, bei Flüssigkeiten den Trockenrückstand nebst Asche, bei anderen Gegenständen wenigstens die letztere, sicherzustellen, weil solche Daten für eine eventuelle spätere Identitätsprüfung von Belang sein können. Nur wenn es sich um ganz indifferente Salben handelt, ist davon Abstand zu nehmen. Auf die Übereinstimmung der Bezeichnung darf kein besonderes Gewicht gelegt werden, weil sie bei kosmetischen Mitteln nicht die geringste Gewähr für die Ähnlichkeit der Zusammensetzung bietet.

B. Besondere Verfahren

Zu Nr. 1. Cremes

Bei der Untersuchung von Cremes stellt man vor allem die Farbe, die Konsistenz, den Geruch und durch die Prüfung mit feuchtem Lackmuspapier die Reaktion fest; ist letztere alkalisch, so deutet dies auf die Gegenwart von Seife, kohlensauren bzw. freien Alkalien oder Borax. Die Prüfung auf Schwermetalle usw. führt man hier in der Regel nach I b) (S. 11) aus. Man bringt etwa 10 g der Probe in ein Becherglas, versetzt mit rund 50 ccm Wasser und 5 bis 10 ccm verdünnter Salpetersäure (1 : 3) und erhitzt dann unter häufigem Umrühren ½ bis 1 Stunde lang auf dem Wasserbade. Wenn nicht nur die wässerige, sondern auch die Fettschicht durchsichtig und klar geworden ist, trachtet man, etwaige unlösliche Stoffe durch Rühren in die wässerige Schicht zu bringen. Nach dem Erkalten kann man den ganzen Fettkuchen, allenfalls unter Zusatz von Hartparaffin, meist leicht herausheben. Die Flüssigkeit wird filtriert und das Ungelöste gesammelt, gewaschen und zur weiteren Untersuchung aufgehoben. Vom Filtrate werden zwei Drittel nach dem Abdampfen mit Salzsäure und Aufnahme mit schwach salzsäurehaltigem Wasser zur Prüfung auf basische Körper verwendet, indem man Schwefelwasserstoff einleitet und dann weiter nach den Regeln der qualitativen Analyse verfährt. Vor allem hat man auf Quecksilber, Blei, Wismut, Zink, Aluminium, Kalium und Natrium Bedacht zu nehmen. Das verbliebene Drittel der ursprünglichen salpetersauren Flüssigkeit dient zur Prüfung auf Ammoniak und auf die mit den vorhandenen Basen verbundenen Säuren, mit Ausnahme der Salpetersäure (von basisch salpetersaurem Wismut stammend), die in einem wässerigen oder schwach schwefelsauren Auszuge nachgewiesen werden kann. Ein etwa vorhandener Rückstand wird durch Verbrennen auf Schwefel und organische Körper, durch Befeuchten mit Schwefelammonium und Ammoniak auf Quecksilberchlorür (Kalomel), Zinnoxyd und andere etwa noch unlösliche Metallverbindungen geprüft; falls solche vorhanden sind, versucht man sie in Königswasser zu lösen (Kalomel) oder schließt sie durch Schmelzen mit Soda und Schwefel auf (Zinnoxyd). Bleibt der weiße Rückstand mit Schwefelammonium und Ammoniak unverändert, stellt man fest, ob in der Phosphorsalzperle ein Kieselsäureskelett entsteht und schließt bejahendenfalls die Silikate (z. B. Talk) durch Schmelzen mit Natrium-Kaliumkarbonat auf. Sind keine Schwermetalle zugegen, so kann man in der Asche auf die übrigen Gruppen, auf Mineralsäuren und auf Borsäure nach I e) (S. 11), prüfen, zu welchem Zweck etwa 10 g der Creme vorerst bei 100 bis 110 Graden Celsius getrocknet und hierauf langsam verbrannt werden. Die Borsäure findet sich übrigens auch teilweise bei den organischen Säuren. Ihr Nachweis im freien Zustande stützt sich auf die Rotfärbung des Curcumapapieres beim Trocknen und auf die Grünfärbung der Flamme beim Verbrennen des Borsäuremethylesters. Man bringt zu diesem Behufe die Asche oder die durch Ausschütteln isolierte Säure in ein kleines Kölbchen, fügt 10 bis 20 ccm Methylalkohol und dann, unter Umschütteln, langsam 5 ccm konzentrierter Schwefelsäure hinzu, verschließt mit einem durchbohrten Korkstopfen, durch den ein oben zugespitztes Hartglasröhrchen (zweckmäßig mit Platinspitze) oder ein Porzellanröhrchen führt, erwärmt den Kolbeninhalt zum Sieden und zündet die ausströmenden Dämpfe an. Bei Gegenwart von Borsäure färbt sich die Flamme intensiv grün. Sauer reagierende Proben sind vor dem Verbrennen bis zur deutlich alkalischen Reaktion mit Soda zu versetzen.

Die Destillationsprobe wird meist ein negatives Resultat ergeben. Außer Riechstoffen, Phenol, Formalin und Spuren von Borsäure, Salizylsäure, bei Seifen auch Fettsäuren usw., sind flüchtige organische Stoffe nur selten zu finden.

Zur Prüfung auf organische Stoffe verrührt man 10 bis 20 g der Probe mit der fünffachen Menge Wasser, erwärmt auf dem Wasserbade und fügt unter häufigem Umrühren tropfenweise so lange verdünnte Salzsäure zu, bis die Reaktion der wässerigen Flüssigkeit deutlich sauer ist und die Trennung der Fettschicht sich vollzogen hat. Nun wird noch beiläufig eine halbe Stunde lang unter fleißigem Rühren erwärmt und schließlich die noch warme Flüssigkeit durch ein angefeuchtetes Filter filtriert oder die Fettschicht im Scheidetrichter abgetrennt. Die Fettmasse dient für weitere Versuche. Beim Zusatz der Säure ist darauf zu achten, ob ein Aufbrausen durch Kohlensäure oder andere gasförmig entweichende Stoffe erfolgt oder nicht. Das Filtrat wird in zwei Teile geteilt, von dem der eine für die sogleich zu besprechende Ausschüttelung, der andere für den Nachweis der Körper der 3. Untergruppe, III, 3 (S. 13), bestimmt ist.

Einen Teil bringt man also ohne Rücksicht darauf, ob beim Abkühlen eine Ausscheidung erfolgt oder nicht, in einen Scheidetrichter und schüttelt ihn wiederholt mit Äther aus. Die gesammelten, ätherischen Lösungen werden bei gelinder Wärme verdunstet. Hinterbleibt ein merklicher Rückstand, so wird er, wenn nötig, nach erfolgter Reinigung, auf seine Identität geprüft. Hiezu löst man einen kleinen Teil des Rückstandes in einigen Tropfen Wasser auf einem Uhrglas, prüft mit Lackmus seine Reaktion und versetzt ihn mit einem Tropfen Eisenchloridlösung; ist Salizylsäure vorhanden, so tritt intensive Violettfärbung ein, welche auf Zusatz eines Tropfens Milchsäure nicht verschwindet (Unterschied von Phenol). Weiters erwärmt man einen Teil des Rückstandes mit Methylalkohol und konzentrierter Schwefelsäure; bei Gegenwart von Salizylsäure wird der Geruch nach Salizylsäuremethylester (Wintergrünöl) deutlich bemerkbar. Allenfalls bestimmt man in der durch Sublimation gereinigten Substanz den Schmelzpunkt. Der Schmelzpunkt der Salizylsäure liegt bei 155 bis 156 Graden Celsius.

Ein anderer kleiner Teil des Rückstandes von der Ätherausschüttelung wird am Uhrgläschen in verdünntem Ammoniak gelöst, vorsichtig zur Trockene abgedampft, mit Wasser aufgenommen und mit einem Tropfen frisch neutralisierter Eisenchloridlösung oder Eisenalaunlösung versetzt. Entsteht ein rötlichgelber Niederschlag, so kann er von Borsäure, Benzoesäure oder Zimtsäure herrühren. Wurde Borsäure nachgewiesen, so muß sie vor der Prüfung auf Benzoesäure und Zimtsäure beseitigt werden, indem man den Rückstand in warmem Wasser auflöst und nochmals mit Benzol oder Petroläther ausschüttelt. Dieses Verfahren eignet sich auch zur Entfernung anderer organischer Stoffe, zum Beispiel Piperonal usw. Den Verdunstungsrückstand prüft man auf Benzoesäure und Zimtsäure (aus Perubalsam). Beide geben die gleiche Fällungsreaktion mit Eisenchlorid. Der Schmelzpunkt der sublimierten Benzoesäure liegt bei 121,4 Graden Celsius; beim Erwärmen mit Alkohol und konzentrierter Schwefelsäure tritt der Geruch nach Benzoesäureäthylester auf. Die Zimtsäure wird bei 133 Graden Celsius flüssig. Die reine Säure verflüchtigt sich geruchlos; in der Regel wird man aber nicht reine Zimtsäure vorfinden, sondern eine Mischung mit Benzoesäure. Beim vorsichtigen Erwärmen mit Kaliumpermanganatlösung liefert Zimtsäure den Geruch nach Benzaldehyd. Von einer weiteren Trennung ist abzusehen.

Wenn die wässerige Lösung des Rückstandes neutral oder fast neutral reagiert, aber trotzdem mit Eisenchlorid eine dunkelviolette Färbung liefert, so kann Resorzin vorliegen. Resorzin schmilzt bei 110 bis 111 Grad Celsius, reduziert beim Kochen ammoniakalische Silberlösung und liefert beim Schmelzen mit Phtalsäure Fluoreszein. In Resorzinlösungen erzeugt Chlorwasser vorübergehend eine violette, dann eine gelbe und schließlich eine rote Färbung, die auf Zusatz von Ammoniak in Bräunlichgelb umschlägt. Ammoniak und Bromwasser geben eine grüne Lösung. Beim Erwärmen mit Kalilauge und einem Tropfen Chloroform tritt rote, beim Verdünnen rotviolette Färbung ein. Beim vorsichtigen Erwärmen einer geringen Menge Resorzins mit dem doppelten Gewichte Weinsäure und einigen Tropfen konzentrierter Schwefelsäure entsteht ebenfalls eine purpurrote Lösung. Eine Trennung des Resorzins von Salizylsäure wird zweckmäßig durch Auflösen des Rückstandes in verdünnter Lauge, Sättigung dieser Flüssigkeit mit Kohlensäure und Ausschütteln mit Äther bewirkt. In diese Ausschüttelung geht nur das Resorzin über, während sich die Salizylsäure erst nach dem Hinzufügen einer starken Säure ausschütteln läßt.

Außer den besprochenen, häufiger vorkommenden Stoffen findet man in Cremes mitunter geringe Mengen Gerbstoff, die an der Schwärzung mit Eisenchlorid zu erkennen sind und gewisse seltenere medikamentöse Stoffe saurer oder phenolartiger Natur, wie Naphtol usw. Über die wichtigsten Eigenschaften und Reaktionen einiger solcher Stoffe gibt der Anhang auf S. 49 Aufschluß. Sollte es nicht möglich sein, Körper oder Gemische dieser Art zu agnoszieren, bzw. werden seitens des Erzeugers Angaben verweigert, welche zur Erkennung dienlich sind, so ist der negative Befund im Untersuchungszeugnis ausdrücklich hervorzuheben und das betreffende Präparat solange für unzulässig zu erklären, als es nicht gelingt, die Natur des fraglichen Bestandteils sicherzustellen. Endlich können hier noch Teerfarbstoffe, Riechstoffe (Piperonal), Spuren von Fettsäuren, auch anorganische Stoffe, wie Sublimat usw. angetroffen werden. Die nach den Ausschüttelungen (S. 13) verbleibende saure, wässerige Flüssigkeit wird nach Beseitigung des Äthers durch Erwärmen mit Lauge alkalisch gemacht und nach dem Erkalten nochmals, ohne Rücksicht auf eine etwa eintretende Trübung (Wismut, Zink, Aluminium usw.) mit Äther wiederholt ausgeschüttelt. Trübungen, die von Zink- und Aluminiumhydroxyd stammen, lösen sich im Überschusse des Alkalis auf. Nach dem Verdunsten des Äthers prüft man einen Teil des etwa vorhandenen Rückstandes nach III, 2 (S. 13) unter Auflösen in Wasser und etwas verdünnter Salzsäure vorerst mit den allgemeinen Reagentien (Jod-Jodkalium usw.) auf das Vorhandensein organischer Basen. Die Probe wird zumeist negativ ausfallen; manchmal bei Zusatz von Tieröl usw. finden sich Spuren von Pyridin usw. Derartige Zusätze verraten sich schon durch ihren Geruch. Mitunter sind in salbenartigen Zubereitungen reichliche Mengen von Chinin nachweisbar, dessen Identifizierung nach der auf S. 30 gegebenen Vorschrift zu bewirken ist.

In der zum Nachweis von Körpern der 3. Untergruppe, III, 3 (S. 13) zurückgestellten Flüssigkeit prüft man, falls sie gefärbt erscheint, auf Teerfarben (S. 27), nach einer Vorprobe durch Abdampfen eines kleinen Anteils auf Glyzerin im Abdampfrückstande mit Hilfe einer der auf S. 14 angeführten Proben, dann auf lösliche Stärke mit Jodlösung, auf Dextrine mit Alkohol und eventuell *Fehling*scher Lösung nach der Inversion.

Der Fettrückstand, der von der Bereitung der Flüssigkeit für den Nachweis von Substanzen aus der III. Gruppe (S. 12) zurückblieb, wird zur etwaigen Prüfung auf Körper der IV. Gruppe (S. 14) verwendet. Man wäscht ihn mit heißem Wasser bis zu dessen neutraler Reaktion aus, läßt das Fett erstarren, preßt und trocknet den Kuchen zwischen Filtrierpapier, schmilzt ihn in einem Becherglase und filtriert das flüssige Fett durch ein trockenes Filter. Einen kleinen Teil des Fettes kann man noch mit verdünntem Alkohol ausschütteln; die in den Auszug übergehenden Stoffe sind die fettlöslichen, während die Hauptmasse zur eigentlichen Fettanalyse dient. Verbleibt beim Filtrieren des Fettes ein fettunlöslicher Rückstand, so wird er mit Äther entfettet. Er kann ganz oder teilweise aus bisher nicht vollständig in Lösung gebrachten, aber nach Entfernung der schützenden Fettschicht in verdünnter Salzsäure leicht löslichen Metallverbindungen, zum Beispiel aus Zinkoxyd, Wismutsubnitrat oder weißem Präzipitat bestehen und wird daher vorerst mit Salzsäure behandelt. Was dann noch zurückbleibt, sind entweder Talk, Zinnoxyd, Zinnober, metallhaltige (Wismutsubgallat) oder metallfreie organische Verbindungen, endlich Schwefel, Stärke, Eiweiß oder dergleichen Stoffe, die durch entsprechende Reaktionen identifiziert werden müssen.

Von einer näheren Untersuchung der Salbengrundlage auf ihre Komponenten wird in der Regel Abstand genommen. Sollte eine solche aus irgend einem Grunde erwünscht sein, so werden in der nach dem oben beschriebenen Verfahren gereinigten Fettmasse die üblichen „Fettkonstanten" ermittelt.

Außer Fettgemischen (Fetten, Ölen, Lanolin, Wachs und festen Kohlenwasserstoffen, wie Vaselin, Paraffin, Zeresin u. dgl.) werden als Salbengrundlagen oft auch seifenartige Kompositionen aus Stearinsäure und Walrat mit der berechneten, aber häufig zur Verseifung unzureichenden Menge von Lauge oder kohlensaurem Kali, dann Wasser und Glyzerin verwendet. Sie reagieren zumeist gegen Lackmus alkalisch, bilden mit Wasser Emulsionen und bedürfen zur Zersetzung größerer Mengen von Säure. Die abgeschiedene „fette" Schicht besteht in solchen Fällen vorwiegend aus Fettsäuren, die durch ihre leichte Löslichkeit in Alkohol gekennzeichnet sind. Dann wären ferner eiweiß- und kaseinhaltige Salbengrundlagen zu erwähnen, die Fett oder Glyzerin usw. „inkorporiert" enthalten. Bei der Behandlung mit angesäuertem Wasser bleibt die eiweißartige Masse ungelöst; sie kann durch ihren Stickstoffgehalt als solche identifiziert werden. Schließlich sind noch gelatinöse Zubereitungen aus Glyzerin mit Stärke, pflanzlichen Schleimstoffen (Tragant, Carrageen) hervorzuheben, die sich in Wasser zu einer schleimigen Flüssigkeit lösen, aus der die Pektinstoffe auf Zusatz von Alkohol oder mit Chlorkalzium niedergeschlagen werden. Das Caragin aus Carrageen wird durch Bleiessig, aber nicht durch Tannin gefällt; bei längerem Erwärmen mit verdünnter Salzsäure wird es invertiert. Zu Zwecken der Konservierung setzt man derartigen Zubereitungen häufig Formaldehyd zu.

Quantitative Bestimmungen sind auf diesem Gebiete nur ausnahmsweise erforderlich und beschränken sich in der Regel auf jene des Wassergehaltes durch Trocknen bei 100 bis 110 Grad Celsius und der Asche durch vorsichtiges Verbrennen der getrockneten Salbe in einer Porzellanschale. Bei der Vorbereitung der Proben für die quantitative Ermittlung giftiger oder bedenklicher Stoffe wird wie bei der qualitativen Analyse vorgegangen, nur wiederholt man die Extraktion bis zur völligen Erschöpfung des betreffenden Materials.

Salizyl- oder Benzoesäure ermittelt man durch Titration des in heißem Wasser gelösten Extraktionsrückstandes oder eines aliquoten Teiles desselben. Wenn beide Säuren zugegen sind, so wird die Salizylsäure in einem aliquoten Teile nach *Freyer*[1]) durch Zusatz einer gemessenen Menge 0,1 n-Kaliumbromatlösung (etwa 25 bis 50 ccm), Bromkalium und Salzsäure, Stehenlassen während fünf Minuten, Zugabe von Jodkalium und Zurücktitrieren mit 0,1 n-Natriumthiosulfatlösung bestimmt. 480 Teile verbrauchten Broms entsprechen einem

---

[1]) Chemiker-Zeitung, 1896, S. 820.

Molekül, das sind 138 Teile Salizylsäure. Nach Abzug der für die Salizylsäure berechneten Azidität von der titrimetrisch bestimmten Gesamtazidität kann man die Menge der vorhandenen Benzoesäure berechnen. Ist auch Phenol vorhanden, muß dieses vorerst aus der mit Natriumkarbonat schwach alkalisch gemachten Lösung mit Äther ausgezogen werden, bevor Salizylsäure aus der sauren Lösung extrahiert wird.

Zur Bestimmung des Formaldehyds destilliert man 25 bis 30 g Creme mit 100 ccm Wasser unter Zusatz einiger Tropfen Phosphorsäure oder Schwefelsäure im Dampfstrome, bis 100 ccm übergegangen sind und bestimmt im Destillat den Formaldehyd jodometrisch nach *Romijn*[1]), indem man eine bekannte Menge 0,1 n-Jodlösung und solange tropfenweise starke Natronlauge zusetzt, bis die Farbe hellgelb ist. Nach zehn Minuten wird mit Salzsäure angesäuert und das noch vorhandene Jod mit 0,1 n-Natriumthiosulfatlösung zurücktitriert. Für 254 Teile verbrauchtes Jod ist ein Molekül, das sind 30 Teile Formaldehyd, in Rechnung zu stellen; hierbei würden andere Aldehyde, Azeton und auch Alkohol störend wirken.

Zu Nr. 2. Toiletteseifen

Die Untersuchung der Toiletteseifen erfolgt in gleicher Weise wie jene der Cremes (S. 15), weshalb hier außer einigen notwendigen Abweichungen von dem dort beschriebenen Gange nur die für eine richtige Begutachtung unerläßliche Durchführung der quantitativen Bestimmungen beschrieben werden soll. Bezüglich eingehenderer Untersuchungen sei auf die einschlägige Literatur verwiesen.[2])

Die Seifen reagieren in wässeriger Lösung gegen Lackmus alkalisch, in alkoholischer gegen Phenolphtalein neutral (reines fettsaures Alkali), alkalisch (freies Alkali) oder sauer (freie Fettsäuren). Die qualitative Prüfung auf freie Alkalien kann durch Betupfen einer frischen Schnittfläche der Seife mit einer Lösung von salpetersaurem Quecksilberoxydul erfolgen; bei Gegenwart von freiem Alkali tritt Schwärzung ein. Anorganische Substanzen werden nach der Vorschrift I b) (S. 11) nachgewiesen. Wenn keine Schwermetalle zugegen sind, so ist in der Asche nach I e) (S. 11) auf Körper der anderen Gruppen, auf Mineralsäuren einschließlich Borsäure und Kieselsäure und auf die in Salzsäure unlöslichen anorganischen Stoffe (Ton, Kieselgur, Sand, Talk, Erdfarben u. dgl.) zu prüfen. Flüchtige organische Stoffe wird man zweckmäßig in größeren Mengen der Substanz, 30 bis 50 g, durch vorsichtiges Ansäuern und Destillieren im Wasserdampfstrome ermitteln.

---

[1]) Zeitschrift für analytische Chemie, 1897, S. 19 und 1900, S. 60.
[2]) z. B. *Benedikt-Ulzer*, Analyse der Fette und Wachsarten, 5. Aufl. 1908, Berlin, Springer; *Grün*, Analyse der Fette und Wachse, 1925, Berlin, Springer.

Hierbei kann das bereits abgeschiedene Fettsäuregemenge beseitigt und nur die verbleibende Flüssigkeit der Destillation unterworfen oder auch aus einer alkalisch gemachten Seifenlösung die Seife durch Kochsalz ausgeschieden, das Filtrat am besten mit Phosphorsäure vorsichtig angesäuert und dann destilliert werden. Die ersten Fraktionen des Destillats prüft man mit Kalilauge und Jod auf Alkohol sowie auf Formaldehyd, die weiteren mit Brom und Eisenchlorid auf Phenole. Auch eventuell vorhandene Riechstoffe, deren nähere Untersuchung jedoch kaum jemals erforderlich ist, finden sich in diesen Anteilen.

Die Prüfung auf „ätherlösliche Stoffe" (Salizylsäure, Benzoesäure, Naphtol, Resorzin usw.) wird wie bei den Cremes, nur mit mehr Substanz, etwa 20 bis 30 g, ausgeführt. Bei dieser Gelegenheit erkennt man auch wieder die Anwesenheit von Phenol und Kresolen; über ihre Trennung von Salizylsäure vergleiche man S. 44.

Zur Prüfung auf die Körper der Gruppen III, 3 (S. 13) und IV (S. 14) löst man 20 bis 30 g Seife bei gelinder Wärme in Wasser, dekantiert wiederholt vom Unlöslichen, filtriert, bringt den Rückstand aufs Filter, wäscht nach und untersucht, ob Schwefel, organische Verbindungen, Stärke usw. darin vorhanden sind. In der wässerigen Seifenlösung scheidet man zuerst die Fettsäuren durch Zusatz eines Überschusses von eventuell titrierter Säure ab und sammelt sie wie bei der *Hehner*schen Methode nach dem Waschen bis zur neutralen Reaktion auf einem Filter, trocknet und schmilzt sie in einem kleinen Schälchen. Hat man mit gewogenen Mengen von Seife und mit gemessenen Mengen von Säure gearbeitet, so kann man die getrockneten Fettsäuren wägen und erfährt so den Gehalt der Seife an „Gesamtfett". Im Filtrat läßt sich durch Titration mit Lauge die Menge des „Gesamtalkalis" der Seife bestimmen. Anschließend kann man in einem Teil der neutralisierten Flüssigkeit auch auf Zucker prüfen und auch dessen Menge bestimmen. Das Glyzerin wird im Abdampfrückstand wie auf S. 14 angegeben, qualitativ nachgewiesen. Leim würde eine Fällung mit Gerbstoff geben; für genauere Untersuchungen in dieser Richtung eignet sich die Methode von *Huggenberg*[1]).

Für quantitative Bestimmungen verwendet man eine regelrecht hergestellte Durchschnittsprobe. Der Wassergehalt wird durch Abwägen von etwa 5 g der Durchschnittsprobe auf geglühtem Seesand, Übergießen mit Alkohol, verlustlose Zerkleinerung, Verdampfen des Alkohols und Erhitzen auf 110 Grad Celsius bis zur Gewichtskonstanz festgestellt. Die Aschebestimmung erfolgt durch Verkohlen, Auslaugen der Kohle mit Wasser, Verbrennen derselben, vorsichtiges Eindampfen des zugefügten Filtrats und Glühen des Trockenrückstandes bis zum beginnenden Schmelzen. Zur Bestimmung der freien Alkalien oder

---

[1]) Zeitschrift für öffentliche Chemie, 1898, S. 163.

auch der etwa vorhandenen freien Fettsäuren löst man nach *Hope*[1]) 30 g Seife in einem 250 ccm Meßkolben durch Erwärmen in absolutem Alkohol, füllt nach dem Erkalten zur Marke auf, läßt absitzen und pipettiert 50 ccm in einem Zuge heraus. Färbt sich die Lösung nach dem Zusatz von einigen Tropfen Phenolphtaleinlösung rot, so sind freie Alkalien vorhanden, die durch Titration mit 0,1 n-Säure ermittelt werden; bleibt sie farblos, so kann freie Fettsäure zugegen sein, die mit 0,1 n-Lauge zu bestimmen ist. Die Feststellung des Gehaltes der Seife an alkalischen, nicht an Fettsäuren gebundenen Stoffen und der freien, der kohlensauren, der borsauren und der kieselsauren Alkalien erfolgt durch Lösen von etwa 50 g Seife in rund 150 ccm warmen Wassers und Sättigung desselben mit reinem, neutralem Kochsalz. Nach dem Abfiltrieren der ausgeschiedenen Seife und ihrem völligen Auswaschen mit konzentrierter Kochsalzlösung bringt man das Filtrat auf 300 ccm und titriert 100 ccm davon mit 0,1 n- oder 0,5 n-Säure, wobei man sich des Methyloranges als Indikator bedient; war die Seife frei von Boraten und löslichen Silikaten, so kann man, nach Abzug der für die freien Alkalien etwa nötigen Säuremenge, den Säureverbrauch direkt auf Natrium- oder Kaliumkarbonat umrechnen. Anderenfalls, z. B. wenn Boraxseifen vorliegen, ist bei der Ermittlung der Karbonate (einschließlich der löslichen Silikate) auch die zur Neutralisation des Borax erforderliche Säuremenge abzuziehen. Zu diesem Behufe hat man die Bestimmung der Borsäure durchzuführen. Man säuert hiezu weitere 100 ccm des Filtrates mit Salzsäure an, extrahiert bis zur Erschöpfung mit Äther, verdunstet den Äther, trocknet im Vakuum und wiegt entweder unmittelbar oder titriert nach *Jörgensen*[2]). Im letzteren Falle löst man die Borsäure in 50 ccm warmem Wasser, neutralisiert unter Anwendung von Methylorange als Indikator etwa vorhandene Salzsäure, versetzt mit 25 ccm Glyzerin und etwas Phenolphtalein und titriert bis zur schwachen Rotfärbung. Die bei der Neutralisation gegen Phenolphtalein verbrauchte Menge Lauge rechnet man unter der Annahme der Einwertigkeit auf Borsäure um. Durch Multiplikation der so gefundenen Zahl mit dem Faktor 1,54 findet man den Gehalt an Borax. Die Hälfte der verbrauchten Lauge entspricht der zugehörigen „Boraxalkalität". In gleicher Weise und schneller kann man die Borsäure und die „Boraxalkalität" in der Asche nach dem Ansäuern und Austreiben der Kohlensäure bestimmen. Hat man für die Bestimmung der Karbonate einschließlich der Borate und Silikate und der Borsäure gleiche Mengen Seife verwendet, so braucht man nur die Hälfte der bei der Titration der Borsäure verbrauchten Lauge von der bei der Titration der Karbonate verbrauchten Säuremenge zu sub-

---

[1]) Chemical News, 1881, S. 218; siehe auch Chemisches Zentralblatt, 1881, S. 794.
[2]) Zeitschrift für angewandte Chemie, 1897, S. 5.

trahieren, um sogleich die Karbonate einschließlich der Silikate, aber ausschließlich der Borate, berechnen zu können. Wenn freie Alkalien vorhanden waren, müssen sie gleichfalls in Abzug gebracht werden.

Freie Fettsäuren und unverseifte Fette können aus den getrockneten und mit Bimsstein verriebenen Seifen durch Petroläther extrahiert werden.

Die Bestimmung der Phenole und der Salizylsäure erfolgt durch Auflösen von 5 bis 6 g Seife in 200 ccm Wasser unter Zusatz von 5 ccm Natronlauge. Sollte die Lösung nicht klar oder gefärbt sein, so wird sie zur Beseitigung der Kohlenwasserstoffe mit Äther ausgeschüttelt. Man sättigt vor oder nach dem Ausschütteln mit Kochsalz, filtriert, wäscht die ausgeschiedene Seife mit gesättigter Kochsalzlösung aus, bringt das Filtrat und die Waschwässer auf ein bestimmtes Volumen, z. B. 500 ccm, und behandelt einen aliquoten Teil, z. B. 50 ccm, mit Bromkalium- und Kaliumbromatlösung (S. 20).

Das Ammoniak wird in Rasierseifen in der wässerigen, angesäuerten Lösung, nach Abscheidung und Entfernung der Fettsäuren, wie üblich, durch Destillation mit Lauge bestimmt. In Zubereitungen, die nur aus Ammoniak und Fettsäuren bestehen (aschefrei sind), kann die Gesamtmenge des Ammoniaks auch durch Titration einer alkoholischen Auflösung mit 0,5 n-Säure und Methylorange als Indikator bis zum Eintreten der ersten Orangefärbung ermittelt werden (*Adam*)[1].

Zu Nr. 3. Puder

Zur Vorprüfung schlämmt man einen kleinen Teil der Probe in Wasser auf und prüft die Reaktion gegen Lackmus, fügt sodann eine genügende Menge von verdünnter Salzsäure zu und beobachtet, ob Gasentwicklung eintritt oder ob eine Trübung der Flüssigkeit infolge Ausscheidung von Fettsäuren eintritt. Hierauf erwärmt man zum Kochen, verdünnt mit Wasser und läßt absitzen. War das Pulver ursprünglich rot oder rötlich gefärbt, so stellt man fest, ob der etwa verbleibende Bodensatz noch rötlich gefärbt erscheint, was auf die Gegenwart von Zinnober deutet, oder ob er diese Färbung nicht zeigt, und setzt dann zur Probe reichlich Schwefelwasserstoff, um zu ermitteln, ob sogleich oder beim Stehen eine dunkle Färbung der Flüssigkeit oder des Bodensatzes eintritt. Ist dies nicht der Fall, so sind keine Quecksilberverbindungen vorhanden. Man kann sodann den Puder verbrennen und nach dem Verfahren I e) (S. 11) in der Asche auf anorganische Substanzen (auch auf Chromsäure) prüfen. Enthält das Filtrat Spuren von Baryum und entwickelt sich beim Zusatze von verdünnter Salzsäure zur Asche etwas Schwefelwasserstoff, so prüft man das Unlösliche durch Schmelzen mit Natrium-Kaliumkarbonat auf schwefelsauren Baryt. Vorher ist mikroskopisch auf Kieselgur zu

---

[1] Privatmitteilung.

prüfen. In der Regel wird das Unlösliche nur aus Talk bestehen, der ebenfalls durch Aufschließen zu identifizieren ist. Sollte der Zusatz von Schwefelwasserstoffwasser eine schwarze, braune oder auch nur graue Verfärbung der Flüssigkeit oder des Bodensatzes bewirken, so erscheint die Gegenwart von Quecksilberverbindungen nicht ausgeschlossen und wird man sodann zur Prüfung auf anorganische Substanzen nach dem Verfahren I c) (S. 11) vorgehen. Die so aufgeschlossene Masse wird in ein mit Wasser teilweise gefülltes Becherglas geleert, die Hauptmenge der Säure durch Lauge abgestumpft und filtriert. Das Filtrat prüft man wie üblich auf Schwermetalle, Quecksilber, Arsen usw. Das Unlösliche kann außer aus noch nicht aufgeschlossenen Silikaten, auch aus Sulfaten der Erdalkalien, Bleisulfat und möglicherweise auch aus basischem Wismutsalz bestehen. Zur Prüfung auf Blei zieht man den Rückstand mit einer ammoniakalischen Lösung von essigsaurem Ammon aus und prüft die Lösung auf Blei. Aus dem Rückstand entfernt man mit verdünnter Salzsäure das etwa vorhandene Wismut oder Spuren von Kalk und schließt endlich zum Zwecke des Nachweises von Schwerspat und Talk durch Schmelzen mit Natrium-Kaliumkarbonat auf. Falls bei dieser Probe Quecksilber angetroffen und bei der Vorprobe eine Rotfärbung des Bodensatzes beobachtet wurde, bleibt noch zu entscheiden, ob das gefundene Quecksilber nicht ausschließlich aus dem gelösten Zinnober stammt. Es muß sodann ein weiterer Teil der Probe nach I b) (S. 11) mit verdünnter Salpetersäure geprüft werden: Zinnober geht hierbei nicht in Lösung.

Durch die Destillationsprobe können Phenole, Formaldehyd (z. B. bei Schweißpudern) und Riechstoffe usw. nachgewiesen werden.

Zur Prüfung auf die Körper der III. Gruppe (S. 12) ist wie bei der Untersuchung der Cremes vorzugehen; bei III, 3 (S. 13) kann man die mehr oder weniger hydrolysierte Stärke auffinden. Bei der Prüfung auf die 1. und 2. Untergruppe stört die Gegenwart reichlicher Mengen zum Teil gelöster Stärke die Ausschüttelung mit Äther und die Trennung der Schichten. Man extrahiert darum zweckmäßig einen Teil der Substanz mit Alkohol, verdünnt das Filtrat mit Wasser und verdampft den Alkohol. Es setzen sich etwa vorhandene Spuren von Fett usw. ab. Hiebei ist zu beachten, daß in den alkoholischen Auszug nur die freie, nicht aber die an Natrium gebundene Borsäure übergeht, ebenso lösen sich nicht alle Salizyl- und Benzoesäureverbindungen in Alkohol auf. Die vom Alkohol befreite Flüssigkeit wird nun angesäuert; scheiden sich bei dieser Gelegenheit nochmals Fettsäuren aus, was zum Beispiel bei manchen Schweißpudern der Fall ist, so stammen sie aus der vorhandenen Seife. Man trennt sie von der Flüssigkeit und schüttelt letztere zunächst in saurer, dann in alkalischer Lösung mit Äther aus. Teerfarben und Karmin finden sich in der wässerigen und alkoholischen Lösung (S. 26). Jene enthält auch eventuell vorhandene Mineralsäuren und Ammoniak.

Quantitativ ist, wenn Quecksilber- oder Bleiverbindungen nicht vorliegen, der Gehalt an Asche und ihr in verdünnter Salzsäure unlöslicher Anteil zu ermitteln. Jeder Puder ist jedoch mikroskopisch zu prüfen, um so die Natur der verwendeten Stärke und der anderen pflanzlichen und mineralischen Bestandteile (Kieselgur, Talk) sicherstellen zu können. Häufig kommt Veilchenwurzelpulver vor, das durch Rafiden und Stärkekörner mit zangenförmigem Spalt gekennzeichnet ist. Falls freier Formaldehyd, Salizylsäure oder deren Verbindungen in dem Puder nachgewiesen sind, ist zu ermitteln, ob deren Menge unter der zulässigen Höchstgrenze liegt.

Zu Nr. 4. Schminken

Die Untersuchung erfolgt bei salbenartigen Schminken wie bei Cremes (S. 15). Suspendierte Farbstoffe lassen sich vorteilhaft durch Ausschmelzen und Abfiltrieren trennen. Die zur IV. Gruppe gehörigen Stoffe, wie Ocker und andere Erdfarben, Präzipitat, Zinkweiß, Bleiweiß usw. findet man teilweise schon bei der Prüfung nach I b) (S. 11). Organische Farbstoffe versucht man den salbenartigen Schminken oder den Rückständen solcher am besten durch warmen, 60%igen Alkohol zu entziehen. Diese Operation kann auch im Scheidetrichter ausgeführt werden, wobei man als Lösungsmittel für das Fett Petroläther oder Schwefelkohlenstoff verwendet. Die Ausschüttelung wird mehrmals wiederholt und die alkoholische Flüssigkeit zur Ermittlung der organischen Farbstoffe und überhaupt der Körper der III. Gruppe verwendet.

Die Bodensätze flüssiger Schminken sind abzufiltrieren und für sich zu untersuchen. Auf Schwermetalle und andere anorganische Stoffe prüft man in der Asche nach I e) (S. 11), auf Arsen in der ursprünglichen Substanz zunächst nach *Gutzeit*[1]). Fällt diese Vorprobe positiv aus oder stößt man auf deutliche Spuren eines Schwermetalles, so hat sich der weitere Untersuchungsgang nach der Verordnung des k. k. Ministeriums des Innern vom 18. April 1908, RGBl. Nr. 77, zu richten. Zur Erkennung geringer Mengen von Quecksilber kann man als Vorprobe die Amalgambildung auf einer blanken Kupferplatte benutzen. Zur Entscheidung der Frage, ob im unlöslichen Teile Zinnober oder organische Farbstoffe vorliegen, empfiehlt sich die Prüfung des Verhaltens zu verdünnter Salpetersäure in der Wärme oder die Behandlung der Probe mit Alkohol. Zur Isolierung der organischen Farbstoffe wird entweder die Probe oder ihr alkoholischer Auszug mit Wasser verdünnt und die Mischung mit etwas Weinstein versetzt. Man legt hierauf einen mit schwacher Sodalösung und Seife gewaschenen Wollfaden in die Flüssigkeit und vertreibt den Alkohol auf dem Wasserbade. Teerfarbstoffe und einige organische Farben, wie Karmin und Orseille,

---

[1]) *Flücker*, Zeitschrift des Allgemeinen österreichischen Apothekervereines, 1889, S. 163.

fixieren sich auf Wolle glatt und vollständig, ebenso einige Pflanzenfarben, wie zum Beispiel der Farbstoff der Heidelbeere, dagegen andere nur unvollständig. Wird der Wollfaden gründlich mit Wasser gewaschen und dann mit verdünntem Ammoniak befeuchtet, so schlagen die Pflanzenfarben in Grün oder Schmutziggrün um; Cochenille und Orseille nehmen Violettfärbung an. Die Teerfarben werden entweder entfärbt oder wechseln die Farbe überhaupt nicht. Manche Teerfarben und Karmin lassen sich mit verdünntem Ammoniak von der Wolle wieder abziehen. Der nach dem Verdunsten des Lösungsmittels verbleibende Rückstand wird zum Nachweis eines Teerfarbstoffes verwendet, indem man ihn mit Wasser und Soda aufnimmt, die Lösung mit Salzsäure ansäuert und den Teerfarbstoff mit Amylalkohol ausschüttelt. Behufs weitergehender Feststellungen wird auf die Originalliteratur verwiesen[1]). Außer Karmin finden sich am häufigsten Eosine vor, die durch ihre Fluoreszenz und durch ihren Jod- oder Bromgehalt gekennzeichnet sind.

Zu Nr. 5. Waschwässer, Schönheitswässer und Balsame

Wenn ein Bodensatz vorhanden ist, so wird er abfiltriert und dann wie ein Puder (S. 24) untersucht; nur die Prüfung auf Körper der III. Gruppe (wasserlösliche Körper) kann hiebei entfallen. Die Reaktion der Flüssigkeit gegen Lackmus ist bald schwach sauer, was von Benzoesäure herrühren kann, bald, bei Gegenwart von Borax, kohlensauren und freien Alkalien oder Seifen, stark alkalisch. Freie Alkalien erkennt man an der Schwärzung, die ein Zusatz von salpetersaurem Quecksilberoxydul oder das Kochen mit Kupfersulfatlösung hervorruft. Zur Vorprobe versetzt man etwa 5 ccm Flüssigkeit mit wenig verdünnter Salzsäure, wobei ein Aufbrausen oder die Ausscheidung von Fettsäuren eintreten kann, und dann mit Schwefelwasserstoffwasser. Verändert sich die Farbe nicht, so bestimmt man in 25 bis 30 ccm den Trockenrückstand nebst der Asche und untersucht diese näher; mitunter enthält sie schwefelsaures Natrium oder Magnesium. Wenn die Farbe umschlägt, prüft man entweder nach I b), S. 11 oder nach I c), Seite 11 auf anorganische Körper; bezüglich Wasserstoffsuperoxyd vergleiche man Seite 32. Die Destillation liefert gewöhnlich nur Alkohol, Riechstoffe, Spuren von Benzoesäure u. dgl.; den Rückstand filtriert man. Das Filtrat dient zur Prüfung auf die III. Gruppe, 1 und 2 (S. 13). Den in Wasser unlöslichen Anteil behandelt man mit Lösungsmitteln; in Äther lösen sich Fette und Fettsäuren, in Alkohol die Harze. Was dann noch zurückbleibt, kann Schwefel oder Eiweiß sein, Körper, die durch den Geruch beim Verbrennen ausreichend gekennzeichnet sind.

---

[1]) Näheres darüber bei *Schulz* und *Julius*, Tabellarische Übersicht der künstlich-organischen Farbstoffe. 4. Auflage. Berlin 1902 und *Formanek*, Spektralanalytischer Nachweis künstlich-organischer Farbstoffe. Berlin 1900.

Rund 50 ccm des zu untersuchenden Erzeugnisses werden mit Wasser verdünnt, längere Zeit hindurch erwärmt und dann filtriert. Das Filtrat prüft man auf Körper der III. Gruppe, 3 (S. 13). Schließlich versetzt man eine frische Probe mit der fünffachen Menge Alkohol. Fällungen können von Dextrin oder Gummi, zum Beispiel Tragant oder von anorganischen Salzen herrühren. Zucker und Dextrine werden durch die Reduktion der *Fehling*schen Lösung und durch die Polarisation vor und nach der Inversion erkannt. Ist kein Zucker vorhanden, so läßt sich das Glyzerin aus dem Abdampfrückstande mit Alkohol ohneweiters ausziehen; sonst muß man, wie Seite 14 angegeben, verfahren. Rückstände, die neben Borax auch Glyzerin enthalten, verbrennen mit grüner Flamme.

Außer dem Gehalt an Trockensubstanz, Asche und eventuell an giftigen Schwermetallen ist die Alkalität oder Azidität und, falls Karbonate und Borate vorliegen, auch die Borsäure (S. 23) zu ermitteln. Der Gehalt an Wasserstoffsuperoxyd ist nach Seite 33 zu bestimmen.

Zu Nr. 6. Haarwässer

Ist die Reaktion eines Haarwassers alkalisch, so prüft man auf das Vorhandensein von freiem Ammoniak und freien Alkalien (S. 27), bei saurer Reaktion auf freie Mineralsäuren mit Methylviolett.

Zum Nachweis der Schwermetalle bedient man sich als Vorprobe des Verfahrens I a) oder I c) (S. 11). Auch ein etwa vorhandener Bodensatz ist insbesondere auf Quecksilber zu prüfen.

Die Destillationsprobe gibt Aufschluß über die Art des Trägers; man trifft an: Alkohol, Petroläther, Benzin, Benzol, Tetrachlorkohlenstoff usw. Ferner findet man verschiedene ätherische Öle, Senföl, Bayöl (von Pimenta acris L.), Nelken- und Bergamottenöl usw. Trennt sich das Haarwasser bei längerem, ruhigen Stehen in zwei Schichten, so werden diese getrennt untersucht. Die Destillate sind durch Ermittlung physikalischer Konstanten und der Lösungsverhältnisse oder durch fraktionierte Destillation näher zu kennzeichnen. Trübe Flüssigkeiten lassen sich oft durch Zusatz von Kochsalz oder Chlorkalzium klären und trennen. Chlorkalzium scheidet auch aus verdünnten alkoholischen Flüssigkeiten etwa vorhandenen Äther aus. Zur besonderen Kennzeichnung sind die gereinigten und mit Chlorkalzium oder Kaliumkarbonat getrockneten Flüssigkeiten nach Feststellung ihres Siedepunktes und spezifischen Gewichtes durch ihr Verhalten zu einem Gemisch von zwei Teilen konzentrierter Schwefelsäure und einem Teil konzentrierter Salpetersäure näher zu untersuchen. Petroläther und Benzin werden zum Unterschiede von Benzol nicht nitriert und haben keinen konstanten, sondern einen allmählich ansteigenden Siedepunkt. Tetrachlorkohlenstoff siedet bei 76 Grad Celsius und ist schwerer als Wasser (spezifisches Gewicht = 1,62). Man kann ihn im Druckfläschchen mit alkoholischer Kalilauge verseifen und in der Lösung die Chlorbestimmung nach *Volhard* ausführen. Mit β-Naphtol und alkoholischer Kalilauge gibt Tetrachlorkohlenstoff (zum Unterschied von Chloroform) keine Färbung. Ätherische Öle werden ihren wässerigen oder wässerig-alkoholischen Lösungen durch Ausschütteln mit den leichtesten Fraktionen des Petroläthers entzogen. Auf Senföl ist im Destillate selbst oder in der alkoholischen Lösung des Öles durch längeres Einwirkenlassen von Ammoniak, nachheriges Versetzen mit Silbernitrat (Bildung von Silbersulfid) oder Erwärmen mit alkalischer Bleilösung (Entstehen von Bleisulfid) zu prüfen. Ätherische Öle werden am besten durch vergleichende Riechproben mit Standardmustern festzustellen gesucht. Im Destillate oder in seinem wässerig-alkoholischen Anteil sucht man noch vorher Phenol, Kresole, Formaldehyd und Chloroform, das letztere durch Erwärmen mit alkoholischer Kalilauge und β-Naphtol, wobei Blaufärbung eintritt. Bei Gegenwart von Chloroform wird die Destillation unter Wasserzusatz bis zum Verschwinden der Farbenreaktion im Destillate fortgesetzt. Der Destillationsrückstand wird dann mit Lauge alkalisch gemacht und die Destillation fortgesetzt. Tritt jetzt Chloroform auf, so rührt es von Chloralhydrat her, das in solchen Waren mitunter vorgefunden wird. Zur Identifizierung des Chloroforms kann auch die Carbylaminreaktion dienen: beim Erwärmen von Chloroform mit Anilin und alkoholischer Kalilauge macht sich der unangenehme Geruch des gebildeten Carbylamins bemerkbar. Bei saurer Reaktion des Destillates prüft man auf Essigsäure und andere flüchtige organische Säuren.

Bei der Vorbereitung der Proben zur Prüfung auf Körper der III. Gruppe (S. 12), werden sich die meisten eben genannten flüchtigen Stoffe, dann Rizinusöl und das brennend scharf schmeckende Krotonöl beim Verdünnen mit Wasser ausscheiden; die Fettsäuren aus den etwa zugesetzten Seifen fallen beim Ansäuern aus. Nach Vertreibung des Alkohols wird filtriert und ein Drittel des Filtrats zur Prüfung auf die III. Gruppe, 3, der Rest aber für die Ausschüttelung verwendet. Im Rückstand von der Ausschüttelung der sauren Flüssigkeit wird man im allgemeinen die auf S. 13 besprochenen Körper vorfinden; er muß aber wegen des Vorhandenseins scharfer Stoffe, namentlich Cantharidin, auch vorsichtig auf seinen Geschmack geprüft werden. Das Cantharidin bleibt in Form tafelförmiger Kristalle zurück, die einen Schmelzpunkt von etwa 218 Grad Celsius haben; der Nachweis ist als erbracht zu betrachten, wenn der Rückstand, mit einem Tropfen Öl verrieben, auf der Haut Blasen zieht. Cantharidin gibt mit Palladiumchlorür einen gelben Niederschlag, welcher in Chloroform leicht löslich ist. Milchsäure bleibt als flüssige Masse von saurer Reaktion zurück und kann durch Herstellung des charakteristischen Zinksalzes erkannt werden. Häufig sind in Haarwässern auch eisenbläuende und eisenschwärzende Gerbstoffe vorhanden. Die ätherische Ausschüttelung des alkalisch gemachten Anteiles liefert hier häufig ein positives Ergebnis. Man löst den Rückstand des Auszuges in wenig Wasser, das Spuren von verdünnter Salzsäure enthält. Sollte die Lösung nicht farblos sein, so wird sie filtriert und die Substanz durch nochmaliges Ausschütteln gereinigt. Zur Ausführung der allgemeinen Reaktion auf Alkaloide werden Tröpfchen der betreffenden Lösung auf Uhrgläser verteilt und mit Jod-Jodkalium, Phosphorwolfram- und Phosphormolybdänsäure, Kaliumquecksilberjodid, Gerbsäure, Platinchlorid usw. versetzt. Diese Reaktionen oder einzelne derselben können mitunter unbestimmt ausfallen, das heißt, nur mehr oder weniger leichte Trübungen geben, die unberücksichtigt bleiben, weil sie von den in indifferenten Pflanzenauszügen vorkommenden Bitterstoffen und anderen unbekannten Verbindungen, wohl auch von Spuren von Pyridinbasen herrühren. Liegen Alkaloide vor, so erhält man mit fast allen genannten Reagentien deutliche Fällungen. Von ganz ungewöhnlichen Fällen abgesehen, hat man zunächst nur auf Veratrin und Chinin nebst Begleitbasen Bedacht zu nehmen. Pilokarpin, welches ebenfalls in Haarwässern mitunter angetroffen wird, geht aus stark alkalischer Lösung nicht in den Äther über und muß in der auf S. 31 beschriebenen Weise nachgewiesen werden. Zur Prüfung auf Veratrin und Chinin verfährt man hierbei wie folgt:

Ein Tropfen der sauren Lösung der Alkaloide wird auf einem Uhrglase zur Trockene verdampft und der Rückstand mit zwei Tropfen konzentrierter Schwefelsäure befeuchtet. Nach dem unter Aufbrausen vor sich gehenden Entweichen der Salzsäure bleibt die Lösung entweder farblos, oder sie wird gelb, bei längerem Stehen orange, dann rot und endlich karminrot. Dieses Verhalten deutet auf die Gegenwart von Veratrin. Zur Sicherstellung des Befundes kocht man eine frische Probe des Rückstandes mit konzentrierter Salzsäure, wobei Rotfärbung eintreten und auf Zusatz von Zinnchlorür ein violetter Niederschlag entstehen muß. Weitere Kennzeichen sind das Verhalten beim Verreiben mit konzentrierter Schwefelsäure und etwas Zucker, es entsteht eine zuerst grüne und dann blaue Färbung; zerstäubtes Veratrin hat die Eigentümlichkeit, heftiges Niesen zu erzeugen und besitzt in reinem Zustand als freie Base einen Schmelzpunkt, der bei etwa 115 Grad Celsius liegt.

Ist die Schwefelsäure farblos geblieben, so kann Chinin nebst seinen Begleitbasen vorliegen. Auf Chinin prüft man mit einigen Tropfen Bromwasser und etwas Ammoniak (Grünfärbung) oder mit Bromwasser, einer Spur Blutlaugensalz und etwas Ammoniak: Rotfärbung, welche sich durch Chloroform ausschütteln läßt. Eine freie Schwefelsäure enthaltende Lösung von Chinin fluoresziert (besonders im Ultraviolettlicht) intensiv blau. Bei negativem Ausfall dieser Reaktionen ist auf etwa vorhandenes Pilokarpin zu prüfen. Zu diesem Zwecke wird nach

Adam[1]) die nach der stark alkalischen Ausschüttelung verbleibende alkalische Lösung, welche etwaiges Pilokarpin enthält, da dieses aus stark alkalischer Lösung nicht in den Äther übergeht, mit Schwefelsäure angesäuert, zum Sieden erhitzt und 5—10 Minuten im Kochen erhalten. Nach dem Abkühlen versetzt man mit einem Überschuß von Natriumbikarbonat und schüttelt dann 2—3 mal mit Chloroform aus, wobei Pilokarpin quantitativ in dieses übergeht. Beim Verdunsten des Chloroforms bleibt Pilokarpin als farbloser bis gelblicher Sirup zurück und kann durch Abdampfen mit verdünnter Salzsäure als gut kristallisiertes Hydrochlorid (Smp. 184—186°) gewonnen werden. Durch neuerliche Ausschüttelung aus bikarbonathältiger Lösung erhaltenes freies Pilokarpin kann durch nachfolgende Reaktionen erkannt werden: 1. Beim Auflösen in konzentrierter Salpetersäure tritt eine blaßgrüne Färbung auf (wenig empfindlich). 2. Formalin-Schwefelsäure färbt sich beim Erhitzen mit einigen Tropfen Pilokarpinlösung zuerst gelb, dann gelbbraun, später blutrot und schließlich braunrot[2]). 3. 1 ccm einer etwa 1- bis 2-prozentigen Pilokarpinlösung wird nach *Helch*[3]) mit 2 ccm einer sauer reagierenden Wasserstoffsuperoxydlösung versetzt und mit 2 ccm Benzol überschichtet. Man läßt 4 Tropfen 0,3-prozentiger Kaliumbichromatlösung hinzufließen und schüttelt um. Bei Gegenwart von Pilokarpin färbt sich die Benzolschichte violett. Diese Reaktion geben auch viele andere Stoffe.

Schwieriger gestaltet sich der Nachweis des Pilokarpins, falls zwei der oben genannten Alkaloide oder alle drei vorliegen. In Gemengen von Chinin und Veratrin unterstützt der sehr bittere Geschmack des Chinins seine Identifizierung. Im übrigen verfährt man so, daß man die Lösung der Alkaloide mit Lauge bis zur stark alkalischen Reaktion versetzt und das Chinin und Veratrin durch Äther auszieht. Aus der alkalischen Lösung gewinnt man das Pilokarpin in der oben beschriebenen Weise. Um etwa beim Pilokarpin verbliebene Reste von Veratrin, welches ebenfalls die *Helch*sche Reaktion gibt und daher beim Pilokarpinnachweis stört, zu entfernen, wird der aus der Chloroformausschüttelung erhaltene Rückstand 1—2 mal mit verdünnter Salzsäure abgedampft. Hiebei färbt sich die Flüssigkeit rot und Veratrin verharzt. Ein aus dem nunmehrigen Rückstand mit verdünnter Salzsäure hergestellter und mit Tierkohle gereinigter Auszug erweist sich bei der Prüfung mit konzentrierter Schwefelsäure zumeist als frei von Veratrin. Ansonst müßte das Verfahren wiederholt werden.

Es können endlich hier noch angetroffen werden: Pyridinbasen aus tierischem Teeröl oder aus verwendetem denaturierten Spiritus und Färbe-

---

[1]) *Adam*, Archiv f. Chemie u. Mikr., 1914, H. 4.
[2]) *Barral*, Zeitschrift für die Untersuchung der Nahrungs- und Genußmittel sowie der Gebrauchsgegenstände, 1904, 7. Band, S. 680.
[3]) Pharmazeutische Post, 1902, S. 259.

basen, falls das betreffende Haarwasser gleichzeitig als Haarfärbemittel zu dienen bestimmt war. Pyridinbasen können außer durch den Geruch der mit Natronlauge erwärmten Lösung auch im Destillate durch einen Zusatz von einigen Tropfen Kadmiumchloridlösung (1:9) und Vermischen mit dem gleichen Volumen Alkohol oder in dem mit Salzsäure neutralisierten Destillate durch Quecksilberchlorid nachgewiesen werden. Die Anwesenheit der Färbebasen verrät sich dadurch, daß sie sich an der Luft schwarz färben.

Von quantitativen Bestimmungen werden in der Regel nur jene des Trockenrückstandes und der Asche auszuführen sein; bei saurer Reaktion ist auch die Gesamtazidität zu ermitteln. Phenol und Kresol sind im Destillate nach *Freyer* (S. 20) zu bestimmen.

Zu Nr. 7. Haaröle und Pomaden

Die Untersuchung erfolgt, wie sie für die Cremes angegeben wurde, jedoch unter Berücksichtigung des unter Nr. 6 Besprochenen. Kohle, Schwefel und Chinintannat kann man mit Vorteil durch Schmelzen und Abfiltrieren trennen. Auch etwaige Verdorbenheit der Fettbestandteile, welche ekelerregend wirken kann, ist zu beachten.

Zu Nr. 8. Haar- und Kopfseifen

Der Gang der Untersuchung ist mit dem im Abschnitt „Toiletteseifen" (S. 21) beschriebenen identisch, nur ist hier auf die etwaige Gegenwart von Pikrinsäure zu achten, welche sich schon durch die beim Verbrennen eintretende Verpuffung verrät. Auch findet sich dieser Körper in der sauren ätherischen Ausschüttelung; noch besser geht er in Benzol über und zwar ohne es zu färben. Sein Schmelzpunkt liegt bei 122,5 Graden Celsius; er läßt sich wie die Teerfarben auf Wolle fixieren. Pikrinsäure wird durch basisches Bleiazetat gefällt, ebenso durch eine 10-prozentige Lösung von „Nitron" in 5-prozentiger Essigsäure; neutrales Bleiazetat und Kupfersulfat erzeugen erst auf Zusatz von etwas Lauge Niederschläge und zwar das erstere einen rötlichgelben, das letztere einen grünlichgelben. Beim Erwärmen mit alkalischer Zinnchlorürlösung oder mit Schwefelammonium entsteht eine rote Färbung, wie auch bei Behandlung einer etwa 10-prozentigen Lösung mit Cyankalium; aus der Flüssigkeit scheiden sich beim Erkalten braunrote, metallischgrün glänzende Schuppen aus.

Bei „Shampoons" ist auch die Menge der Alkalikarbonate zu ermitteln und durch mikroskopische Untersuchung des Bodensatzes einer wässerigen Lösung auf (unzulässiges) Kieselgur zu prüfen.

Zu Nr. 9. Haarfärbemittel

Der Nachweis des Wasserstoffsuperoxyds wird mit verdünnter Schwefelsäure und einer verdünnten Lösung von Kaliumbichromat geführt. Es tritt infolge Bildung von Überchromsäure Blaufärbung ein. Die blaue Substanz geht beim Schütteln mit Äther in diesen über, jedoch nicht in Benzol.

Die Reaktion der technischen Präparate ist sauer; sie enthalten mehr oder weniger reichlich Sulfate und Chloride, auch etwas freie Salzsäure oder Schwefelsäure. Zur Entfernung der letzteren wird häufig ein neutrales Phosphat zugesetzt. Die Bildung saurer Phosphate soll die Schädlichkeit der freien Säure für die Haut und Haare beseitigen, ohne die Haltbarkeit der Ware zu vermindern. Findet man neben den genannten gebundenen Säuren auch reichlich Phosphate und reagieren 10 ccm des Präparates auf Zusatz von 1 ccm 0,5 n-Lauge beim Tüpfeln auf Lackmuspapier neutral oder alkalisch, so kann man von einer titrimetrischen Bestimmung der freien Säure Abstand nehmen. Sind keine Phosphate vorhanden, so wird man alle Präparate, die freie Schwefelsäure überhaupt oder mehr als 0,1 Prozent freie Salzsäure enthalten, als „säurehaltig" zu beanstanden haben. Die Bestimmung des Gehaltes von Wasserstoffsuperoxyd erfolgt auf oxydimetrischem Wege, wobei 1 Molekül Wasserstoffsuperoxyd (34) 2 Äquivalentgewichten Oxalsäure (126) entspricht.

Außer Borsäure kommen Zusätze zum Wasserstoffsuperoxyd nur selten vor.

Bei der Untersuchung anderer Haarfärbemittel wird man nach Feststellung der physikalischen Eigenschaften die Reaktion prüfen und, falls diese alkalisch ist, entscheiden, ob Ammoniak oder fixes Alkali vorliegt. Weiters prüft man in kleinen Teilproben (2 ccm) durch Ansäuern mit verdünnter Schwefelsäure auf Schwefelwasserstoff, schweflige und unterschweflige Säure, dann auf die übrigen Mineralsäuren. Auf Schwermetalle und anorganische Basen kann man meist unmittelbar in der Flüssigkeit oder nach Vertreibung des Alkohols nach I a) (S. 11) prüfen. Nur bei Gegenwart größerer Mengen von organischen Körpern untersucht man nach einer Vorprobe auf Quecksilber die Asche. Das wird häufig dann zutreffen, wenn bloß eine Lösung vorliegt, zum Beispiel von Pyrogallol mit Eisen-, Kupfer- oder Manganverbindungen. Reagieren solche Präparate nicht alkalisch, so müssen sie wegen der Flüchtigkeit des Eisen- und Kupferchlorides beim Glühen vor dem Eindampfen mit einem Überschuß von Soda versetzt oder im *Kjeldahl*kolben mit Salpeter- und Schwefelsäure zerstört werden. Glyzerin stört das quantitative Ausfällen des Bleies mit Schwefelwasserstoff nicht. Bleihaltige Haarfarben hingegen, die Natriumhyposulfit enthalten, erweisen sich oft so widerstandsfähig gegen Schwefelwasserstoff und andere Reagentien, daß sie erst durch längeres Kochen mit Salzsäure für die Analyse vorbereitet werden müssen. Bodensätze, die aus Schwefel allein oder aus Schwefel und Bleikarbonat bestehen, sind getrennt zu untersuchen.

Die wichtigsten Schwermetalle die man antrifft sind: Blei, Silber,

Kupfer, Wismut, Kobalt (mit Nickel), Eisen, Mangan und Chrom, neuestens auch Molybdän. Neben Silber und Kobalt stößt man häufig auf Ammoniak. Neben Chrom und manchmal Mangan ist oft Kali vorhanden, letzteres und Natron kommen auch neben Wismut vor. Käufliche Schwefelalkalien werden für sich oder zusammen mit organischen Stoffen zur Bereitung solcher kosmetischer Mittel verwendet. Das Molybdän fällt mit Schwefelwasserstoff, anfangs häufig unter Blaufärbung, als brauner, in Schwefelammonium löslicher Niederschlag aus, der sich beim Rösten an der Luft in die gelbe Molybdänsäure verwandelt. Ihre ammoniakalische Lösung gibt folgende Reaktionen: 1. Mit Salzsäure fällt weiße, im Überschusse der Säure lösliche Molybdänsäure aus; die Lösung färbt sich auf Zusatz reduzierender Stoffe, wie zum Beispiel Zink und Zinnchlorür, blau oder grün bis braun. 2. Auf Zusatz von Salzsäure, Rhodankalium und Zink tritt eine karminrote Färbung ein, welche durch Phosphorsäure nicht verhindert wird und mit Äther ausgeschüttelt werden kann. 3. Mit verdünnter Salpetersäure, reichlichen Mengen von salpetersaurem Ammonium und einer Spur von phosphorsaurem Natron entsteht beim Erwärmen ein gelber Niederschlag. 4. Beim Abrauchen mit konzentrierter Schwefelsäure am Platinblech hinterläßt die Molybdänsäure, namentlich nach mehrmaligem Anhauchen, einen blauen Rückstand. 5. Mit einer essigsauren Lösung von Phenylhydrazin zum Sieden erhitzt, geben Molybdatlösungen eine weinrote Färbung oder solchen Niederschlag, welcher in Chloroform löslich ist. 6. Tanninlösung gibt eine dunkelrotbraune Färbung.

Mit Hilfe der Destillationsprobe weist man Alkohol, Riechstoffe, schweflige Säure und Essigsäure nach. Zur Vorbereitung für die Ausschüttelung mit Äther säuert man die Lösung mit Salzsäure an. Ein Niederschlag von Silber, Blei, Schwefel etc. ist abzufiltrieren und der Alkohol unter Wasserzusatz (eventuell im Wasserstoffstrome, S. 13) abzudampfen oder abzudestillieren. Die Ausschüttelung mit Äther ist einige Male zu wiederholen. Der so gewonnene Auszug enthält häufig Pyrogallol, das nach der Reinigung durch Ausschütteln oder Sublimation bei 115 bis 131 Graden Celsius schmilzt. Mit geringen Mengen von Alkali färbt sich die Substanz violett, mit größeren Mengen, namentlich beim Schütteln, braun; reiner kann man die violette Übergangsfarbe bei Zusatz von Kalkwasser beobachten. Eisenchlorid bewirkt Braunfärbung, sehr verdünntes Reagens jedoch Blaufärbung. Eisenoxydulsulfat erzeugt zunächst eine weiße Trübung; später färbt sich die Flüssigkeit vorübergehend blau und schließlich braun. Reine Salpetersäure verändert die Farbe der Pyrogallollösung nicht, salpetrige Säure verwandelt sie in Braun. Pyrogallol reduziert *Fehling*sche Lösung schon in der Kälte, ebenso Gold-, Silber- und Quecksilberoxydulsalze. Beim Erhitzen mit Chloroform und Natronlauge entsteht eine rötlichgelbe Lösung. Resorzin färbt sich mit Eisenchloridlösung violett; seine übrigen Eigenschaften sind auf S. 18 beschrieben. Brenzkatechin gibt mit Eisenchlorid grüne Färbung, welche bei Zugabe von Kaliumbikarbonat allmählich in Violett übergeht. *Fehling*sche Lösung wird erst in der Hitze reduziert. Bleiazetat gibt weißen Niederschlag. Außer Pyrogallol und Resorzin findet man, oft zusammen mit Schwefelalkalien, Gallussäure, die bei 220 bis 240 Graden Celsius unter Zersetzung schmilzt, gleichfalls *Fehling*sche Lösung reduziert und mit Eisenchlorid einen schwarzblauen Niederschlag gibt, der sich im Überschusse des Reagens zu einer grünen Flüssigkeit auflöst. Aus Gemischen von Eisenchlorid und rotem Blutlaugensalz fällt die Gallussäure Berlinerblau. Bleiazetat ruft eine weiße Fällung hervor, die sich beim Befeuchten mit Kalilauge an der Luft rosa- bis kirschrot färbt und sich in großen Mengen Lauge mit ebensolcher Farbe löst. Zum Unterschied von Gerbsäure und anderen Gerbstoffen, die man hier manchmal, namentlich bei pflanzlichen Zubereitungen, wie zum Beispiel Nußschalenextrakten, in geringer Menge antrifft, fällt die Gallussäure Leimlösungen nicht. Durch Cyankaliumlösung wird sie rot gefärbt. Kobaltlösungen enthalten häufig Salizylsäure. Bezüglich anderer, in Haarfärbemitteln enthaltener Stoffe, wie Hydrochinon etc. vergleiche den Anhang auf S. 49.

Nach dem Vertreiben des Äthers durch Erwärmen und Zusatz von Lauge oder Soda bis zur stark alkalischen Reaktion wird neuerdings mehrmals mit Äther ausgeschüttelt. Etwa zurückgebliebenes Pyrogallol geht aus der alkalischen Lösung nicht mehr in den Äther über. Verbleibt nach dem Verdunsten des alkalischen Äthers ein brauner oder schwarzer Rückstand, so sind Farbbasen in dem Präparate zugegen, das dann fast immer auch Sulfite oder Hyposulfite enthält. Statt die allgemeinen Reaktionen auf Alkaloide sogleich auszuführen, wird man in diesem Falle zunächst im Rückstande auf Stickstoff prüfen. Alle Körper dieser Gruppe geben mit Eisenchlorid und mit den meisten anderen Oxydationsmitteln charakteristische violette, blaue oder grüne Färbungen, die in Amylalkohol übergehen. Ursprünglich wurde nur das bei 140 bis 147 Graden Celsius schmelzende Paraphenylendiamin $C_6H_4(NH_2)_2$ verwendet, das durch das Auftreten einer intensiv blauvioletten Färbung bei Zusatz von Schwefelwasserstoffwasser und Eisenchlorid zur schwach angesäuerten Probe, welche Färbung gleichfalls in Amylalkohol übergeht (*Lauth*sche Reaktion)[1]), wohl gekennzeichnet war. Später erkannte man seine Schädlichkeit und ersetzte es durch andere ähnlich zusammengesetzte Körper, wie Paraaminophenol $C_6H_4:NH_2:OH$ oder sein Hydrochlorid, das Paraaminodiphenylamin $C_6H_5NHC_6H_4NH_2$ und das Metol, das Sulfat des Methylparaaminophenols $(CH_3NH.C_6H_4OH)_2SO_4H_2$. Unter diesen Umständen reichen die eben beschriebenen einfachen Reaktionen zur Identifizierung nicht

---

[1]) Berichte der Deutschen Chemischen Gesellschaft, 1876, 9. Band, S. 1035.

mehr aus. Zur Trennung und zum Nachweis dieser Verbindungen haben *Ludwig* und *Panzer*[1]) anläßlich eines bestimmten Falles folgende Methode ausgearbeitet:

Ein Haarfärbemittel bestand aus zwei Flüssigkeiten, deren eine Wasserstoffsuperoxyd war. Das zweite Fläschchen enthielt eine klare, gelbliche, alkoholische Flüssigkeit von alkalischer Reaktion. Beim Ansäuern mit verdünnter Schwefelsäure trat der Geruch nach Schwefeldioxyd auf; die Flüssigkeit blieb klar. Der Abdampfrückstand war bräunlich und nur zum Teile in Wasser löslich. Eine größere Probe wurde zur Beseitigung des Alkohols nach Zusatz von etwas Salzsäure im Wasserstoffstrome eingedampft, der Verdampfungsrückstand mit kohlensaurem Natron bis zur alkalischen Reaktion versetzt und die Flüssigkeit sodann mit Äther ausgeschüttelt. Die von letzterem getrennte, wässerige Schichte säuerte man mit Schwefelsäure an, beseitigte das Schwefeldioxyd durch Kochen und prüfte hierauf auf Paraaminophenol, indem man Teile der Flüssigkeit mit Kalilauge, mit Chlorkalklösung und mit Eisenchloridlösung versetzte, wobei jedesmal Violettfärbung eintrat. Der Äther von der Ausschüttelung wurde im Wasserstoffstrome verdampft und der bräunliche, zähflüssige Rückstand mit ausgekochtem und wieder erkaltetem Wasser übergossen, worin er sich zum Teil auflöste. Die vom ungelöst gebliebenen, braunen Rückstand abfiltrierte, wässerige Lösung ergab die Reaktionen der dem Metol zugrundeliegenden Base: 1. Die mit verdünnter Schwefelsäure angesäuerte Lösung lieferte nach Zusatz von Phosphorwolframsäure und nach kurzem Stehen orangegelbe Kriställchen, die in ihren Formen mit den aus Metollösung bei gleicher Behandlung ausgeschiedenen übereinstimmten. 2. Die mit verdünnter Schwefelsäure angesäuerten und mit salpetrigsaurem Natrium versetzte Lösung verhielt sich ebenso. 3. Die wässerige Lösung wurde mit Eisenchlorid violett, mit Salpetersäure rot und mit Kaliumbichromat rotviolett. 4. Aus dieser Lösung konnte man durch Ausschütteln mit Äther oder Benzol die freie Base wiedergewinnen. Nach dem Umkristallisieren aus Benzol schmolz sie bei 82 Graden Celsius (unkorrigiert, gegen 85 Grade theoretisch). Die Prüfung auf Paraaminodiphenylamin erfolgte in dem in Wasser ungelöst gebliebenen, braunen, in verdünnter Salzsäure gelösten und durch Filtration von etwas Harz befreiten Rückstand: 1. Seine Lösung gab mit Platinchlorid einen blaugrünen und mit Eisenchlorid einen dunkelgrünen Niederschlag. 2. Mit Schwefelsäure und salpetrigsaurem Natrium trat nacheinander Blau-, Rot-, Grün- und Gelbfärbung ein. 3. Eine Lösung in verdünnter Essigsäure lieferte mit gelbem Blutlaugensalz einen aus Kristallbüscheln bestehenden Niederschlag. Die Arbeit wurde möglichst rasch und bei tunlichstem Abschluß der Luft durchgeführt und der Äther aus Gefäßen abdestilliert, die mit Glasstopfen und einem

---

[1]) Privatmitteilung.

entsprechenden Glasrohr ausgestattet waren. Das Hauptgewicht wurde auf den Nachweis von Metol gelegt.

Es erübrigt noch, das Paraphenylendiamin in den Gang einzufügen. Arbeitet man, wie beschrieben, so findet sich das Paraphenylendiamin, das als freie Base in den Äther übergeht und sich in Wasser löst, beim Metol. Zur Identifizierung und zur Trennung vom Metol kann die Schwerlöslichkeit seines Sulfates in Wasser (*Erdmann*)[1]) und in verdünntem Alkohol (*Adam*)[2]) dienen. Die freie Base fällt, wenn die Lösung etwas eingeengt ist, mit Schwefelsäure aus; desgleichen auch fast vollständig aus verdünnter Lösung bei Alkoholzusatz. Ihre Salze kann man mit Natriumsulfat abscheiden. Aus dem durch Filtration gesammelten Sulfat, das bei 250 Graden Celsius noch nicht schmilzt, läßt sich die freie Base durch Auflösen in Wasser unter Alkalizusatz und durch Ausschütteln mit Äther gewinnen. Dem entgeisteten und mit Soda alkalisch gemachten Filtrat kann man die Metolbase mit Äther entziehen. Von anderen hier in Betracht kommenden Reaktionen des Paraphenylendiamins ist noch zu erwähnen, daß es sich mit Anilinwasser und Eisenchlorid tiefblau oder intensiv blaugrün färbt. In wenig verdünnter Salzsäure gelöst, gibt es auf Zusatz von Hypochloriten zuerst eine rotviolette Färbung und, wenn ein Überschuß des Reagens verwendet wurde, einen weißen Niederschlag von Chinondichlordiimin. Schwach angesäuerte Lösungen von Paraphenylendiamin färben Holz beim Betupfen ziegelrot[3]). Die Färbung wird mit Säuren, namentlich mit Essigsäure, greller und verschwindet mit Alkalien. Metaphenylendiamin gibt bei der gleichen Behandlung eine orangegelbe, Paraaminophenol und Metol eine zitronengelbe Färbung. Diese Methode eignet sich namentlich zum Nachweis von geringen Mengen der Substanz. Verdünnte Schwefelsäure und Phosphorwolframsäure fällen auch in verdünnter Lösung Paraphenylendiamin sofort in Gestalt eines weißen, amorphen Niederschlages, der niemals die charakteristischen Formen der entsprechenden Metolverbindung annimmt. Letztere ermöglicht den Nachweis des Metols unter dem Mikroskop auch neben Paraphenylendiamin und anderen Basen.

Behandelt man die oben besprochenen Basen mit Jod oder Platinchlorid in der Art, wie es bei der Reaktion auf Alkaloide üblich ist, so liefert nur das Paraaminodiphenylamin einen schwarzen, beziehungsweise blaugrünen Niederschlag, die anderen verfärben sich lediglich mehr oder weniger, und zwar violett und dann schwarz. Hingegen werden bei dieser Art der Ausführung, also in konzentrierter Lösung, alle genannten Stoffe durch Phosphorwolframsäure gefällt. Paraaminophenol

---

[1]) Zeitschrift für angewandte Chemie, 1906, S. 1053.
[2]) Privatmitteilung.
[3]) *Blau*, Zeitschrift des Allgemeinen österreichischen Apothekervereines, 1906, S. 7.

bildet nach längerem Stehen lange, gelbe Kristallnadeln, der Metolniederschlag wird kristallinisch, die anderen Niederschläge sind amorph und gelblich oder weiß gefärbt. Ein schwerlösliches Sulfat bildet nur noch das Paraaminodiphenylamin, doch ist es infolge seiner äußerst geringen Löslichkeit in Wasser, in Form der freien Base, leicht vom Paraphenylendiamin zu trennen.

Zu einer raschen und sicheren Erkennung aller Stoffe, die eine Diphenylamingruppe enthalten, also auch der noch zu besprechenden Sulfosäuren des Eugatols, von jenen, die diese Gruppe nicht enthalten, verwendet *Adam*[1]) folgende Reaktion: Bringt man zur wässerigen Lösung der Substanz eine Spur Salpeter (etwa 5 bis 10 Tropfen einer Lösung, von der 1 ccm = 1 mg N_2O_5 entspricht), und unterschichtet mit konzentrierter Schwefelsäure, so entsteht bei Vorhandensein der Diphenylamingruppe an der Berührungsstelle ein Farbenring. Namentlich bei längerem Stehen treten in diesem Ring fast alle Farben des Spektrums auf, doch herrscht bei konzentrierten Lösungen oben die grüne und unten die rote Farbe vor.

Der Schmelzpunkt des Paraaminodiphenylamins wird für die kristallisierte Substanz mit 66 bis 70 Graden Celsius angegeben, für die geschmolzene liegt er bei 75 Graden Celsius. Das Hydrochlorid kristallisiert gut und schmilzt unter Zersetzung und Sublimation bei 244 Graden Celsius. Das freie Paraaminophenol löst sich in Wasser ziemlich schwer, in Lauge leicht auf. Es geht sowohl aus der alkalischen als auch aus der sauren Lösung nur spurenweise in Äther über und gehört somit zur III. Gruppe, 3 (S. 12). Sein Schmelzpunkt liegt bei 184 Graden Celsius. Um das für die Schmelzpunktbestimmung nötige Material zu isolieren, sättigt *Adam*[2]) die alkalische Lösung mit Kohlensäure, worauf es leicht und fast vollständig in Äther übergeht. Die wässerige, also sehr verdünnte Lösung der freien Base gibt mit Schwefelsäure und Phosphorwolframsäure nicht die charakteristische Metolfällung.

Zu erörtern wären schließlich noch die sulfonierten Basen. (Nicht selten findet man neben unzulässigen Farbbasen schwefligsaures Salz, um eine sulfonierte Base vorzutäuschen.) Sie bilden den Hauptbestandteil der als Eugatol[3]) bezeichneten Präparate und verursachen nach den Versuchen von *Tomaszewski* und *Erdmann*[4]) keine Reizerscheinungen auf der Haut. Angeblich verwendet man ein Gemisch der Alkalisalze von Paraaminodiphenylamin-Sulfonsäuren ($C_6H_5NHC_6H_3NH_2SO_3H$) und Orthoaminophenol-Sulfonsäure ($C_6H_3OHNH_2SO_3H$). Die erstgenannten Säuren sind in kaltem Wasser

---

[1]) Privatmitteilung.
[2]) Privatmitteilung.
[3]) Nach einer Mitteilung der I. G. Farbenfabriken wird „Eugatol" nicht mehr erzeugt.
[4]) Münchner Medizinische Wochenschrift, 1906, S. 359.

nur sehr wenig löslich und gehören somit zur IV. Gruppe (S. 14). In warmem Wasser und in Alkohol lösen sie sich leichter. Alkalisalze sind in Alkohol leicht löslich, ebenso in Wasser. Aus den wässerigen Lösungen der letzteren fällen verdünnte Mineralsäuren das Säuregemisch zum größten Teil wieder aus, so daß es abfiltriert werden kann. Der Rest läßt sich mit Amylalkohol ausschütteln; in Äther geht es nur spurenweise über. Welche Säuren von den zahlreichen möglichen Isomeren verwendet werden, ist nicht bekannt; die bisher aus den einzelnen Präparaten abgeschiedenen Verbindungen zeigen in ihren Reaktionen nur geringe Abweichungen. Mit Eisenchlorid tritt violette, blaue und später grüne Färbung ein; der Ton ist manchmal ein etwas rötlicher. Die Lauthsche Reaktion (S. 35) fällt positiv aus und zwar tritt Rotviolett- bis Blaufärbung ein. Die Reaktion mit etwas Salpeter und Unterschichten mit Schwefelsäure (S. 38) ist sehr deutlich wahrzunehmen, denn der untere Rand des Ringes färbt sich mehr oder weniger karmoisinrot. Mit Phosphorwolframsäure tritt keine Veränderung ein; verdünnte Schwefelsäure und Kaliumnitrit geben eine rote und dann gelbe Färbung. Nach dem Umkristallisieren aus heißem Wasser kann man die Anwesenheit von sogenanntem „Konstitutionsschwefel" durch Verbrennen mit Soda und Salpeter nachweisen. Die Substanz schmilzt bei 250 Graden Celsius noch nicht. Aus alkalischer Lösung oder beim Auskochen des unter Zusatz von Soda hergestellten Trockenrückstandes gehen nur sehr geringe Mengen von Oxydationsprodukten der Säuren in Äther oder Benzol über.

Außer diesem Umstand verwendet Kreis[1]) zur Unterscheidung des Eugatols von Paraphenylendiamin einige Reaktionen, die mit den entsprechend verdünnten Lösungen selbst ausgeführt werden. Eine hundertfach verdünnte Eugatollösung färbt sich nach dem Vermischen mit Karbolwasser und dem schwachen Ansäuern mit Salzsäure auf Zusatz von Eisenchlorid rein blau; 0,5 prozentige Paraphenylendiaminlösung gibt bei der gleichen Behandlung nur eine schwache Rotbräunung. Eine neutrale Eugatollösung wird bei dieser Behandlung blauviolett, eine solche von Paraphenylendiamin aber mißfarbig rotviolett. Auch gegen Bromwasser und Hypochloritlösung zeigen beide Körper ein verschiedenes Verhalten, während die Lauthsche und die Indaminreaktion gleich ausfallen. Die als Orthoaminophenol-Sulfonsäure bezeichnete Substanz schmilzt gleichfalls bei 250 Graden Celsius noch nicht und ist in Wasser leichter, aber in Alkohol weniger löslich als die eben beschriebenen. Ihre Alkalisalze lösen sich in Wasser und werden beim Ansäuern aus der verdünnten Lösung nicht sogleich gefällt; aus konzentrierten Lösungen kristallisiert die freie Säure aus. Sehr schwer löslich sind die Alkalisalze in Alkohol, was sie von den anderen Sulfon-

---

[1]) Schweizerische Wochenschrift für Chemie und Pharmazie, 1906, S. 830 und 850.

säuren unterscheidet. Sie gibt ferner weder die *Lauth*sche noch die Reaktion mit Salpeter und Schwefelsäure (S. 38). Mit verdünnten Mineralsäuren färbt sie sich blaßviolett und auf Zusatz von Kaliumnitrit gelb. Von Äther wird sie nicht, von Amylalkohol nur schwer aufgenommen.

Zur leichteren Orientierung über die besprochenen Verbindungen diene das folgende Schema:

Aus der wässerigen oder eventuell entgeisteten Lösung (eine etwa vorhandene Trübung durch Paraaminodiphenylamin verschwindet beim Ansäuern) wird 1. durch verdünnte Salzsäure, und zwar auch bei größerer Verdünnung, die Hauptmasse der Paraaminodiphenylamin-Sulfonsäure gefällt; 2. kristallisiert bei einer größeren Konzentration des Filtrats beim Erkalten die Orthoaminophenol-Sulfonsäure und eventuell das Hydrochlorid des Paraaminodiphenylamins aus; 3. Lauge scheidet das Paraaminodiphenylamin bis auf Spuren ab; 4. verdünnte Schwefelsäure und ungefähr das halbe Volumen Alkohol fällen Paraphenylendiamin; 5. nach Beseitigung des Alkohols und Zusatz von Soda bis zur alkalischen Reaktion kann man durch Ausschütteln mit Äther und Auflösen des Rückstandes in Wasser die Metolbase, 6. nach Sättigung der wässerigen Flüssigkeit mit Kohlensäure und nochmaligem Ausschütteln mit Äther das Paraaminophenol; 7. durch Ausschütteln mit Amylalkohol nach erfolgtem Ansäuern mit verdünnter Salzsäure, die Reste der Paraaminodiphenylamin-Sulfonsäure oder etwa noch vorhandener Basen und 8. durch Konzentration der Flüssigkeit und Kristallisation den Rest der Orthoaminophenol-Sulfonsäure erhalten. Ihr Nachweis erfolgt bei 2. und 8. außer durch die Sicherstellung der beschriebenen Eigenschaften, auch durch Auflösen in einigen wenigen Tropfen von Lauge und reichlichem Alkoholzusatz, wobei eine Fällung eintritt. In alkoholischer Kalilauge löst sie sich zum Unterschied von der Paraaminodiphenylamin-Sulfonsäure nicht auf (*Adam*)[1].

In der Regel kommen Paraaminodiphenylamin und Paraaminophenol mit oder ohne Metol gemeinsam vor, ebenso die verschiedenen Sulfonsäuren bei den Eugatolpräparaten, wogegen Paraphenylendiamin zumeist allein angetroffen wird. Nach einiger Orientierung ergibt sich mit Berücksichtigung der vorstehenden Ausführungen der weiters zu wählende Gang von selbst; wenn nötig, sind die Trennungsoperationen zu wiederholen.

Neuestens gelangen für Haarfärbezwecke auch alkoholische Lösungen von Teerfarben in den Handel. Wird der Alkohol beseitigt, so fallen die Farbstoffe teilweise heraus; aus alkalischer Lösung gehen sie zum Teil oder ganz in Äther oder Amylalkohol über. Es wäre somit eine Vortäuschung von Farbbasen nicht ausgeschlossen. Nachdem jedoch diese braunen und schwarzen Farben Gemische von roten, blauen, gelben etc. Teerfarbstoffen darstellen, so kann man durch Behandeln

---

[1] Privatmitteilung.

der Rückstände mit verschiedenen Lösungsmitteln, wie Wasser, Äther, Alkohol etc., die einzelnen Bestandteile voneinander trennen und sie dann auf Wolle fixieren. Beim Aufstreuen auf Filtrierpapier, das mit Wasser oder Alkohol befeuchtet worden ist, trennen sie sich infolge der ihnen eigenen, verschiedenen Kapillarität.

Von anderen Körpern der III. Gruppe, 3 (S. 13) findet man in Haarfärbemitteln zuweilen Glyzerin, arabisches Gummi und Dextrin, zusammen mit Wismutverbindungen und Wein- oder Zitronensäure. Bodensätze bestehen vorwiegend aus Schwefel, manchmal in Verbindung mit kohlensaurem Blei; Silberlösungen scheiden häufig Silberoxyd oder Silber ab.

Quantitativ werden Blei und Silber bestimmt. Das Bleioxyd ermittelt man gewichtsanalytisch durch Fällen mit Schwefelwasserstoff und Wägen als Sulfat, das Silberoxyd meist direkt in 2 bis 10 ccm der Lösung, nach dem Verdünnen und dem Ansäuern mit Salpetersäure, durch Titration mit 0,1 n-Rhodanlösung. Sind reichlich organische Stoffe vorhanden, so führt man die Titration in der salpetersauren Lösung der Asche aus. Sollten Quecksilberverbindungen vorliegen, so wird das Quecksilber am besten gewichtsanalytisch bestimmt. Von der quantitativen Bestimmung für zulässig erklärter Metallverbindungen, wie z. B. des Kobalts, Mangans, Wismuts etc., kann Abstand genommen werden; im Bedarfsfalle genügt die Aschebestimmung. In Gegenwart flüchtiger Chloride des Eisens, Kupfers etc. stellt man sich statt der gewöhnlichen Asche die „Sulfatasche" her und wiegt nach wiederholtem Glühen mit kohlensaurem Ammon. Ist Mangan anwesend, so darf die Lösung der Asche nicht in der Platinschale erfolgen, weil sonst Platin in Lösung geht.

In Präparaten mit einem Gehalte an organischen Verbindungen wird immer der Trockenrückstand ermittelt und zwar soll das Trocknen nur kurze Zeit im Wassertrockenschranke und dann im Vakuumexsikkator vorgenommen werden, weil sich viele Stoffe, wie zum Beispiel Pyrogallol, leicht verflüchtigen. Zur Bestimmung des Kupfers oder des Eisens sind diese Trockenrückstände nach dem Wägen mit Sodalösung zu befeuchten, nochmals zu trocknen und dann erst zu veraschen. Das Kupfer wird schließlich als Sulfür oder elektrolytisch bestimmt, das Eisen als Oxyd gewogen.

Pyrogallol wird quantitativ dann bestimmt, wenn die Menge der aschefreien Trockensubstanz 3 Prozente überschreitet. Durch Extraktion einer gemessenen Menge der entgeisteten und mit Schwefelsäure angesäuerten Lösung mit Äther und Trocknen des Rückstandes im Vakuumexsikkator bei gewöhnlicher Temperatur werden die ätherlöslichen Verbindungen abgesondert und hierauf in denselben das Pyrogallol nach *Gardner* und *Hodgson*[1]) in folgender Weise bestimmt:

---

[1]) Journ. Soc. 95, 1852.

0,1 g der Substanz werden in einem Meßkolben zu 100 ccm gelöst, hievon 20 ccm auf 200 mit Wasser verdünnt, mit einer gemessenen Menge 0,1 n-Jodlösung (im Überschuß), etwas Stärkelösung und tropfenweise mit wässeriger Natronlauge versetzt, bis die Jodfärbung umschlägt. Hierauf wird mit verdünnter Salzsäure angesäuert und mit 0,1 n-Thiosulfatlösung zurücktitriert. 1 mg Phenol erfordert 0,61 ccm und 1 mg Pyrogallol 0,85 ccm 0,1 n-Jodlösung.

Der Gehalt an freiem, überschüssigem Ammoniak in ammoniakalischen Silbernitratlösungen wird berechnet, indem man durch Titration von 5 ccm Flüssigkeit mit 0,1 n-Schwefelsäure und Methylorange als Indikator die gesamte ,,freie Alkalität" ermittelt; diese entspricht der Menge des zugesetzten Ammoniaks. Nachdem nun ein Molekül Silbernitrat zur Umsetzung und Lösung zweier Moleküle Ammoniak bedarf, so kann man aus dem anderweitig ermittelten Gehalte an Silbernitrat die Menge des zur Zersetzung und Lösung des letzteren erforderlichen Ammoniaks nach der Gleichung $A \times 0,2 = x$ berechnen, wobei A der Silbernitratmenge und x dem erforderlichen Gewichte Ammoniak entspricht. Nach Subtraktion dieser Menge von der durch die ,,Gesamtalkalität" gegebenen, erhält man das ,,überschüssige, freie Ammoniak", dessen Menge 0,5 Prozent nicht übersteigen soll.

Zu Nr. 10. Enthaarungsmittel

Hier ist die Prüfung auf Arsen von Wichtigkeit. Man führt sie bei flüssigen Proben durch Zerstören von 30 ccm oder bei festen Proben 5 g der Substanz mit konzentrierter Salpeter- und Schwefelsäure im *Kjeldahl*kolben nach Vorschrift I c) (S. 11) aus. Nach der Verdünnung mit Wasser und dem Auskochen der Salpetersäurereste wird die Flüssigkeit, wenn sie, was bei festen Proben oft vorkommt, durch Sulfate der Erdalkalien oder durch Silikate getrübt ist, filtriert und dann auf ein bestimmtes Volumen gebracht. Ein Viertel davon verwendet man zur Vorprobe auf Arsen nach *Gutzeit* (S. 11); fällt sie positiv aus, so bestimmt man in der Hälfte der Flüssigkeit die Menge des Arsens. Die Probe ist zu beanstanden, wenn in 5 g des trockenen Pulvers oder der Trockensubstanz (bei flüssigen Proben) mehr als 1 mg Arsen enthalten sind. Der Rest dient zur Prüfung auf anorganische Körper. Zum Nachweis von Alkalihydrosulfid in pulverförmigen Präparaten wird etwa 1 g des Pulvers mit 10 ccm absoluten Alkohols geschüttelt und mit einer Lösung von Nitroprussidnatrium in absolutem Alkohol versetzt. Eine rotviolette Färbung zeigt Alkalihydrosulfid an (*Schugowitsch*)[1]. Erdalkalien und die in verdünnten Säuren unlöslichen Stoffe werden bei pulverförmigen Präparaten gesondert identifiziert. Man zieht 5 bis 10 g mit 50 ccm Wasser unter Zugabe

---

[1] Privatmitteilung.

von Salzsäure bis zum Eintritte saurer Reaktion unter häufigem Umrühren in der Kälte aus, stellt die Anwesenheit von Schwefelwasserstoff oder auch von Kohlensäure fest und filtriert. Das Filtrat wird zunächst längere Zeit gekocht. Ein Teil kann zur Prüfung auf Körper der III. Gruppe (S. 12) dienen. Der Rückstand auf dem Filter ist mikroskopisch auf Stärke, Kieselgur etc. zu prüfen, dann zu trocknen, zu veraschen und nochmals mit verdünnter Salzsäure auszuziehen. Nach neuerlichem Trocknen wird er zum Zwecke des Nachweises von Sulfaten der Erdalkalien, der gewöhnlichen Begleiter der Sulfide, und von Silikaten mit Natriumkaliumkarbonat aufgeschlossen. Im übrigen geht man wie bei der Analyse der Puder (S. 24) vor. Quantitativ ist bei flüssigen Proben die „Gesamtalkalität" und bei festen die „Alkalität der löslichen Anteile" zu ermitteln. Im letzteren Fall werden 5 g der Probe im Porzellanmörser mit Wasser verrieben und in ein 250 ccm fassendes Kölbchen gebracht. Nach längerem Schütteln füllt man bis zur Marke auf, filtriert und titriert in 50 ccm des Filtrats, nach dem Übersäuern mit 0,1 n-Salzsäure und Aufkochen, mit 0,1 n-Lauge zurück. 1 ccm 0,1 n-Säure entspricht 6,08 mg Strontium- bzw. 3,70 mg Kalziumhydroxyd.

Zu Nr. 11. Mund- und Zahnwässer

In Mund- und Zahnwässern, die merklich oder stark sauer reagieren, ist der Gehalt an freien Säuren titrimetrisch zu bestimmen. Im übrigen verfährt man, wie folgt:

Nach Ausführung der Vorprobe mit Salzsäure und Schwefelwasserstoffwasser, die bei diesen kosmetischen Mitteln meist negativ ausfällt, ermittelt man in einer bekannten Menge des Präparates den Trockenrückstand. Für quantitative Bestimmungen trocknet man etwa eine Stunde lang im Wassertrockenschrank; die Dauer des Trocknens ist im Befunde anzugeben, weil es meist nicht gelingt, Gewichtskonstanz zu erzielen. Nach dem Verbrennen wird die Asche gewogen und dann zur Prüfung auf anorganische Stoffe verwendet; Permanganatlösungen enthalten keine oder höchstens Spuren von organischen Stoffen und können daher unmittelbar untersucht werden. Zum Nachweis von Chloraten wird ein Teil der Probe mit verdünnter Schwefelsäure angesäuert, mit einer gesättigten Lösung von Silbersulfat versetzt und erwärmt. Wenn eine Fällung von Chlorsilber eintritt, wird filtriert. Zum Filtrat fügt man einige Tropfen Formaldehydlösung (Formalin) und erhitzt zum Sieden. Eine neuerliche Fällung von Chlorsilber zeigt Chlorat an. Wässerige Lösungen von Chloraten geben die Reaktion mit Diphenylamin-Schwefelsäure (*Adam*)[1]. Bleiben nur geringe Mengen einer phosphathaltigen Asche zurück, so stammt diese aus Pflanzenextrakten.

---

[1] Privatmitteilung.

Die Destillationsprobe ist im Dampfstrome auszuführen. Die ersten 30 bis 50 ccm des Destillates verwendet man zur Prüfung auf Formaldehyd. Das formaldehydhaltige Destillat, mit etwas Milch gemischt und mit eisenhältiger konzentrierter Schwefelsäure unterschichtet, gibt violette Berührungszone. Phlorogluzin und Lauge färben sich in Gegenwart von Formaldehyd schon in der Kälte rot. Mit Resorzin und konzentrierter Lauge geht die ursprünglich gelbe Farbe beim Kochen in eine rote über. Ammoniakalische Silberlösung wird reduziert, ebenso *Nesslers* Reagens, wobei ein gelber bis orangegelber Niederschlag entsteht. In Anilinwasser erzeugt Formaldehyd eine deutliche Trübung. Versetzt man 15 ccm des Destillates mit 1 ccm wässeriger Phenylhydrazinlösung (4:100) und 3 bis 4 Tropfen einer frisch bereiteten Nitroprussidnatriumlösung (0,5:100), und macht das Ganze mit konzentrierter Natronlauge stark alkalisch, so tritt bei Gegenwart von Formaldehyd eine azurblaue Färbung ein. Phenylhydrazinlösung allein erzeugt nur eine milchige Trübung.

Im Destillate wird man häufig neben Alkohol reichliche Mengen von ätherischen Ölen, wie Pfefferminzöl, Nelkenöl usw., dann Menthol, Thymol etc. vorfinden. Sie sind auf dem bei den Haarwässern (S. 28) beschriebenen Wege tunlichst zu identifizieren. Endlich ist das Destillat noch mit Eisenchlorid auf Phenol zu prüfen, wobei, wegen der Gefahr einer Verwechslung, auf etwa übergegangene Spuren von Salizylsäure und Salol Rücksicht genommen werden muß. In weingeistiger Lösung gibt mit Eisenchlorid nur Salizylsäure Violettfärbung. Der Destillationsrückstand wird ohne vorherige Filtration in einen Scheidetrichter gebracht und nach dem Erkalten mehrmals mit Äther ausgeschüttelt. Man stellt dann zunächst durch die Geschmacksprobe fest, ob künstliche Süßstoffe vorhanden sind. Der Hauptanteil wird wiederholt mit warmem Wasser behandelt und nach dem Erkalten filtriert. Das Filtrat prüft man, wie angegeben wurde (S. 17), auf Salizylsäure, Benzoesäure usw. Der in Wasser unlösliche Teil des Rückstandes kann Salol sein und ist, wenn genügend Material vorliegt, durch Umkristallisieren aus Alkohol für die Bestimmung des Schmelzpunktes zu reinigen; letzterer liegt beim Salol bei 42 Graden Celsius. Zum Nachweise der Komponenten des Salols wird die Hauptmenge des mit Wasser behandelten Rückstandes in einem Schälchen mit alkoholischer, etwa 0,5 n-Kalilauge auf dem Wasserbade verseift und bis zur völligen Verjagung des Alkohols erwärmt, der Rückstand mit Wasser aufgenommen, mit Kohlensäure gesättigt und sodann in einem Scheidetrichter mit Äther ausgeschüttelt. Nach dem freiwilligen Verdunsten des Äthers bleibt das Phenol oder Kresol zurück. Säuert man nach Beseitigung des Phenols die Flüssigkeit mit verdünnter Salzsäure an, so läßt sich die Salizylsäure mit Äther ausschütteln.

Hat man bei der Phenolreaktion mit Eisenchlorid keine reinviolette, sondern eine schmutzigblaugrüne Färbung erhalten und weicht der Schmelzpunkt bei sonst gleichem Verhalten von dem des Salols ab, so liegt ein Kresolsalizylsäureester vor[1]).

Gerbstoffe stammen meist von Pflanzenteilen, Chinarinde, Salbei, Ratanhia etc.

Der alkalische Auszug enthält nur selten Alkaloide, am ehesten kommen noch Chinin und seine Verwandten vor. Zucker, Glyzerin, Teerfarben, Karmin etc. sucht man in der mit Wasser verdünnten, etwas eingeengten und dann filtrierten Probe (S. 28); der Rückstand enthält neben ätherischen Ölen, Salol etc. auch die Harze, zum Beispiel Myrrha.

Der Gehalt an übermangansaurem Kali und Wasserstoffsuperoxyd wird oxydimetrisch ermittelt.

Zu Nr. 12. Zahnpulver und -pasten

Nach einer Vorprüfung mit Schwefelwasserstoff prüft man die Asche auf die anorganischen Bestandteile nach 1 e (S. 11). Die Fällung mit Schwefelammonium wird auf Phosphorsäure zu untersuchen und diese, falls sie vorhanden ist, bei der Untersuchung zu berücksichtigen sein, weil nicht selten Kalkphosphate tierischer Herkunft, wie Eierschalen, Ossa Sepia etc. zur Verwendung gelangen. Auch auf den häufig vorkommenden Alaun ist Bedacht zu nehmen und der in verdünnter Salzsäure unlösliche Anteil der Asche ist unter dem Mikroskop auf die Anwesenheit von Bimssteinpulver zu prüfen. Die Destillationsprobe gestattet ätherische Öle, Formaldehyd etc. zu erkennen. Zum Nachweise der Körper der 1. und 2. Untergruppe von III (S. 13) vermischt man etwa 5 bis 10 g des Pulvers oder der Paste mit Wasser und setzt so lange portionenweise verdünnte Salzsäure zu, bis die Masse nicht mehr aufbraust und die Flüssigkeit sauer reagiert. Hierauf digeriert man längere Zeit in der Wärme und beobachtet, ob eine bei Pasten häufige Ausscheidung von Fettsäuren erfolgt, die in Verbindung mit dem Vorhandensein von Alkalien die Gegenwart von Seifen beweist. Das Filtrat wird zuerst angesäuert, mit Äther bis zur Erschöpfung ausgezogen und dann zur Herstellung des alkalischen Auszuges statt mit Alkali mit Chlorammonium und Ammoniak versetzt. Das Salol findet sich nicht im sauren Auszuge, weil es darin unlöslich ist. Man kann es aber den pulverförmigen Präparaten mit Äther und den Pasten durch Ausschütteln der wässerigen Aufschwemmung mit Hilfe dieses Extraktionsmittels entziehen. Im übrigen vergleiche die Ausführung bei den Mund- und Zahnwässern (S. 44). Zum Nachweise von Glyzerin, Teerfarben, Karmin etc. bereitet man sich einen alkoholischen Auszug, der nach der Vorschrift auf Seite 14 untersucht wird; er darf nicht sauer reagieren und keine freie Borsäure enthalten.

---

[1]) *Beythien* und *Atenstädt*, Zeitschrift für Untersuchung der Nahrungs- und Genußmittel sowie der Gebrauchsgegenstände, 1907, 14. Band, S. 392.

Der qualitative Nachweis von Chloraten erfolgt wie auf Seite 43 angegeben. Behufs quantitativer Bestimmung von Chlorat in Zahnpasten werden (*Schugowitsch*)[1]) 5 g der Probe in Wasser aufgeschlämmt und in einen 100 ccm Meßkolben gespült. Nach einer halben Stunde füllt man zur Marke auf, schüttelt gut durch und filtriert. Vom klaren Filtrat werden 20 ccm mit einigen Tropfen verdünnter Schwefelsäure angesäuert und mit ca. 20 ccm einer gesättigten, wässerigen Silbersulfatlösung versetzt und erwärmt. Etwa ausfallendes Chlorsilber wird nach dem Zusammenballen des Niederschlages abfiltriert, sodann Niederschlag und Filter gut ausgewaschen. Zum klaren Filtrat fügt man, falls größere Mengen Chloride vorhanden waren, noch 20 ccm der Silbersulfatlösung und hierauf 2 ccm einer 40-prozentigen Formaldehydlösung (Formalin) und erhitzt zum Sieden, wobei das anwesende Chlorat zu Chlorid reduziert wird und als Chlorsilber ausfällt. Man läßt absitzen, fügt noch etwas Silbersulfatlösung zu und filtriert; Rückstand und Filter werden verascht und aus dem Chlorsilber Kaliumchlorat berechnet (Faktor 0,8550).

Jede Zahnpulverprobe ist einer mikroskopischen Prüfung zu unterziehen; außer Bimsstein wird man bisweilen Veilchenwurzeln (S. 26), Salbei, Chinarinde, andere vegetabilische Pulver und Kohle finden.

Zur Bestimmung von Blei und Zink in Tuben wiegt man nach *Schacherl*[2]) 1,0 bis 1,5 g der von anhaftenden Resten des Tubeninhaltes und etwaiger Lackfarbe durch Behandlung mit Äther oder verdünnter Lauge befreiten und in Späne geschnittenen Metalltube ab, löst sie in einem etwa 200 ccm fassenden Kölbchen anfangs in der Kälte, dann unter Erwärmen in 2 bis 3 ccm einer anfangs tropfenweise zugesetzten Mischung von zwei Teilen käuflicher Bromwasserstoffsäure (sp. G. 1,49) und einem Teil Brom, gibt, wenn alles Metall gelöst ist und im Kölbchen keine Bromdämpfe mehr sichtbar sind, nach dem Erkalten noch zwei bis drei Tropfen Brom hinzu und erwärmt neuerlich, bis die Bromdämpfe nahezu verschwunden sind. Dann wird mit etwa 10 ccm Wasser verdünnt und so lange mit einer 20-prozentigen Lösung von reinem kristallisierten Natriumsulfid versetzt, bis der Niederschlag rein schwarz erscheint. Sollte er braun bleiben und sich auf neuerlichen Zusatz von Natriumsulfid nicht vermindern (Anwesenheit von Zinnsulfür!), so fügt man etwa 0,2 g feingepulverten reinen Schwefels hinzu. Auf jeden Fall wird eine halbe Stunde erwärmt, dann mit Wasser auf ungefähr 200 ccm verdünnt, in gelinder Wärme absitzen gelassen und schließlich abfiltriert. Den im Kölbchen verbliebenen Niederschlag erwärmt man neuerdings mit 20 ccm einer etwa 10-prozentigen Lösung von Natriumsulfid, bringt ihn aufs Filter und wäscht ihn mit Natriumsulfid enthaltendem Wasser

---

[1]) Privatmitteilung.
[2]) Archiv für Chemie und Mikroskopie in ihrer Anwendung auf den öffentlichen Verwaltungsdienst, 1910, S. 45.

gut aus. Zweckmäßig ist es, vor Beginn des Waschens das Hauptfiltrat beiseite zu stellen. Sollte die Waschflüssigkeit trübe durchs Filter gehen, so gießt man sie auf das Filter zurück und setzt ihr noch einige Tropfen Natronlauge zu. Der gut ausgewaschene Niederschlag wird samt dem Filter noch feucht aus dem Trichter genommen, in ein kleines Becherglas gebracht, mit Wasser und etwas Salpetersäure übergossen und so lange erwärmt, bis alle Sulfide gelöst sind, wobei ein allzugroßer Überschuß von Salpetersäure und ein Eindampfen der Flüssigkeit möglichst zu vermeiden sind. Man filtriert hierauf, wäscht zunächst mit salpetersäurehaltigem, dann mit reinem Wasser aus und fällt aus dem Filtrat durch Eindampfen mit verdünnter Schwefelsäure das Blei in der üblichen Weise aus. Der Verdampfungsrückstand wird mit verdünnter Schwefelsäure übergossen, das abgeschiedene Bleisulfat nach ein- bis zweistündigem Stehen filtriert, zuerst mit verdünnter Schwefelsäure, dann mit Alkohol gewaschen, getrocknet und schließlich in einem Porzellantiegel geglüht und gewogen. Das gewogene Bleisulfat ist auf metallisches Blei umzurechnen. In dem Filtrat von Bleisulfat wird das Zink in üblicher Weise bestimmt.

Zu Nr. 13. Lippensalben und Lippenstifte

Die Untersuchung derartiger Erzeugnisse erfolgt nach den bei Cremes bzw. Schminken gegebenen Anweisungen.

Zu Nr. 14. Parfüms

Die Parfüms müssen frei sein von Schwermetallen, dann von Arsen, von freien Mineralsäuren und von freien fixen Alkalien. Der Nachweis solcher ist nach den auf Seite 10, 11 und 21 gegebenen Anleitungen zu bewerkstelligen; bezüglich eventuell vorhandener anderer Stoffe vergleiche Seite 49 ff.

4. Beurteilung

Eine Beanstandung von kosmetischen Mitteln auf Grund des Lebensmittelgesetzes kann nur unter dem Gesichtspunkte der Gesundheitsschädlichkeit erfolgen. „Nachmachung", „Verfälschung" und „falsche Bezeichnung" kosmetischer Mittel begründet keine nach dem „Lebensmittelgesetz" zu ahndende Handlung. Als gesundheitsschädlich sind alle kosmetischen Mittel anzusehen, deren Zusammensetzung den auf Seite 2 und 3 aufgestellten allgemeinen und den bei Beschreibung der einzelnen Gruppen (S. 3 bis 9) mitgeteilten besonderen Grundsätzen nicht entspricht.

5. Regelung des Verkehrs

Bei der Regelung des Verkehrs mit kosmetischen Mitteln ist besonderes Gewicht darauf zu legen, daß sie nur zum äußerlichen Gebrauch dienen und daß ihnen keinerlei Heilkraft zukommt. Aus Anpreisungen, die über die Anführung rein kosmetischer Wirkungen hinausgehen, ergibt sich ohneweiters die für Arzneimittel vorgesehene Verkehrsbeschränkung. Auch der nicht selten offenkundigen Irreführung des Publikums durch unwahre Angaben über Herkunft, Zusammensetzung und Wirkung einzelner Präparate empfiehlt es sich, durch besondere Verfügungen vorzubeugen. Der Vertrieb notorisch verdorbener kosmetischer Mittel, zum Beispiel ranziger Pomaden, wäre tunlichst zu verhindern und bei Erzeugnissen, die spezifisch wirkende Bestandteile, wie Magnesium- oder Zinksuperoxyd enthalten, eine gesetzliche Grundlage für die Einführung des Deklarationszwanges zu schaffen. Es würde sich weiters empfehlen zu bestimmen, daß sämtliche Haar- und Hautmittel auf der Etikette mit einer deutlichen Aufschrift: ,,Vorsicht! Nur äußerlich zu gebrauchen" versehen sein müssen; ebenso wäre es den Erzeugern und Wiederverkäufern zur Pflicht zu machen, bei leicht entzündlichen Zubereitungen, die Petroläther, Benzin etc. enthalten, auf deren Feuergefährlichkeit deutlich hinzuweisen.

6. Verwertung von beanstandeten kosmetischen Mitteln

Beanstandete kosmetische Mittel sind zu vernichten; nur bei Präparaten, die einen hohen Gehalt an Silber haben, kann die Wiedergewinnung desselben in Betracht gezogen werden.

Experten: Ob. Ing. *Felix Kassler* (Wiener Parfumerie ,,Elida"), *Hans Meyer* (i. Fa. M. E. Meyer), Hofrat Dr. *Gustav Moßler*, Kom.-Rat *Karl Sarg* (i. Fa. F. A. Sargs Sohn & Co.), Ing. *Erhard Schmidt* (Wiener Parfumerie ,,Elida"), Dr. *Stefan Taussig* (Inh. d. Fa. Gottlieb Taussig, Seifen- und Parfumeriefabrik), Apotheker Dr. *Karl Zeidler* (Vorsteher d. Wr. Apothekerhauptgremiums).

Anhang

Verbindungen, die mitunter in kosmetischen Mitteln angetroffen werden, nebst ihren wichtigsten Reaktionen.

(Die mit † bezeichneten Präparate sind unbedingt unzulässig).

Wolframsäure und d. Salze, WO_3, Haarfärbemittel, I[1]): Salzsäure fällt weißen Ndg. (Wolframsäure), im Überschusse unlöslich, beim Kochen Gelbfärbung. Ammoniakalische Lösung der Wolframsäure gibt mit $SnCl_2$ gelben Ndg., der auf Zusatz von HCl und beim Erwärmen blau wird. Die ammoniakalische Lösung der W. wird durch Schwefelammonium nicht gefällt, erst auf Zusatz von HCl fällt braunes Sulfid.

Wismutsalizylat, $Bi(C_7H_5O_3)_3Bi_2O_3$, Cremes, IV: Weiß bis gelblichweiß, beim Glühen Verkohlung; mit $FeCl_3$ violett. Die Bestandteile, Wismut und Salizylsäure sind auch bei Gruppe I bzw. III_1 auffindbar.

Dermatol (basisches Wismutgallat), $C_6H_2(OH)_3COOBi(OH)_2$, Cremes und Puder, IV: Gelb, beim Befeuchten mit Lauge an der Luft Rotfärbung, beim Erwärmen mit konz. Schwefelsäure Violettfärbung. Gallussäure bei III_1 nur teilweise nachweisbar.

† Quecksilbersalizylat, $C_6H_4OCO_2Hg$, Cremes und Puder, IV: Weiß. Bei Behandlung mit verd. HNO_3 wird Quecksilber nur spurenweise vorgefunden, hingegen spaltet konz. HCl die Komponenten.

† Brenzkatechin, 1,2-Dioxybenzol, Haarfärbemittel, III_1: Mit Eisenchlorid smaragdgrüne Färbung, welche durch Soda tiefrot, durch essigsaures Natron violett wird. Ammonmolybdat gibt sofort rotbraune Färbung, Bleiacetat weißen Ndg. (Unterschied von Resorzin u. Hydrochinon).

† Hydrochinon, 1,4-Dioxybenzol, Haarfärbemittel, III_1: Weiß bis rötlich. Chlorwasser gibt rötliche Lösung, die durch Ammoniak grün und später braun wird. Ammoniak für sich färbt rötlichgelb, dann braunrot, Chloroform und Lauge gibt beim Erwärmen gelblichrote, dann braune Lösung. H. reduziert ammoniakalische Silberlösung in der Kälte, mit Phtalsäure geschmolzen gibt es Fluorescein.

Naphtalin, $C_{10}H_8$, Cremes, Seifen, II (IV): Geruch!

† β-Naphtol, $C_{10}H_7(OH)$, Cremes, Seifen, III_1 und IV: weiß bis rötlich, eigentümlicher Geruch. Mit Chloroform und Kalilauge Blaufärbung, mit Eisenchlorid grünliche Färbung (violette Flocken deuten auf α-Naphtol).

† Cotoin, $C_{14}H_{12}O_4$, Haarwässer, III_1 und IV: Blaßgelbe Prismen, scharf schmeckend, zum Niesen reizend. In Alkalien löslich, durch Säuren fällbar; Gold- und Silbersalze in der Kälte reduzierend; konz. HNO_3 löst blutrot, konz. H_2SO_4 braungelb.

† Strychnin, $C_{21}H_{22}N_2O_2$ Haarwässer, III_2: In konz. H_2SO_4 farblose Lösung, bei Zusatz von Oxydationsmitteln blau-violett-kirschrot.

---

[1]) Die römischen Ziffern geben die Gruppe an, bei der die Verbindungen im Analysengange (S. 10 bis S. 15) gefunden werden können.

† Aconitin mit Pseudoaconitin und Pikraconitin, Haarwässer, III_2: Weiß. Die abgeschiedene Base ist ein Gemisch der drei Verbindungen. In Wasser schwer, in Ammoniak und konz. Schwefelsäure leicht löslich. (Gelb-rotbraun-violett).

Chinosol (8-Oxychinolin-Kaliumsulfat), $C_9H_6NOSO_3K$, Mundwässer, III_3: gelb, in Wasser leicht löslich, gibt mit Metallsalzen unlösliche Verbindungen. Bei vorsichtigem Zusatz von Lauge fällt Oxychinolin aus und geht in Äther über.

Ichthyol, bituminöses Teerpräparat, Seifen, II und III_3: Schwarze, dicke Flüssigkeit von eigentümlichem Geruch. Schwefelhaltig.

Thymol, $C_{10}H_{14}O$, Mundwässer, II (III_1 und IV): Weiße Kristalle. Mit Eisessig, konz. H_2SO_4 und 1 Tropfen konz. HNO_3 Blaufärbung mit Dichroismus. In Lauge leicht löslich, mit Chloroform und Kalilauge Violettfärbung.

Menthol, $C_{10}H_{20}O$, Mund-, Haarwässer etc., II und IV: Weiße Kristalle. Geruch! In Alkohol und Eisessig löslich.

Eugenol, $C_{10}H_{12}O_2$, Mund-, Haarwässer, II: Gelbe Flüssigkeit, intensiver Nelkengeruch; mit Eisenchlorid in alkoholischer Lösung blau.

Cumarin, $C_9H_6O_2$, Parfüms etc., II und III_1: Weiß, Waldmeistergeruch; in warmem Wasser löslich, sublimierbar. Kalischmelze liefert Salizylsäure. Mit Eisenchlorid rötlichgelb.

Vanillin, $C_8H_8O_3$, Parfüms, II (und III_1): Weiß, Geruch.

Heliotropin (Piperonal), $C_8H_6O_3$, Parfüms, Haarwässer, II und III_1: Heliotropgeruch. Die Kristalle werden an der Luft gelb und verlieren ihren Geruch.

Terpineol, $C_{10}H_{18}O$, Parfüms, II (IV): Hyazinthengeruch; in Wasser nur spurenweise löslich.

Salimenthol, Mundwässer, (III_1) IV: Hellgelbe, angenehm riechende, in Wasser unlösliche Flüssigkeit; löslich in Alkohol und Äther. Beim Verseifen liefert sie Menthol und Salizylsäure.

† Kardol, $C_{32}H_{50}O_3$, Haarwässer, IV: Gelbliches Öl, wasserunlöslich, Schwefelsäure färbt blutrot, Lauge gelb, an der Luft blutrot. Angenehmer Geruch, blasenziehend.

† Helleborein, $C_{37}H_{56}O_{18}$, Haarwässer, III_3: Glykosid, wasserlöslich, Alkohol schwerlöslich, Äther unlöslich. Konz. Schwefelsäure löst braunrot. Erzeugt Niesen.

Aus der großen Reihe organischer Basen, welche in Haarfärbemitteln gefunden werden können und welche sich teils durch ihren Schmelzpunkt, teils durch die verschiedene Löslichkeit in Wasser und anderen Lösungsmitteln unterscheiden lassen, sind nachstehend einige aufgezählt:

Diaminophenol (Amidol) III_3, Paraaminophenyltolylamin, III_2,
Paratoluylendiamin, III_2, 1,2-Naphtylendiamin, III_2,
2-Nitroso-1-Naphtol, (III_2) IV, 1-Nitroso-2-Naphtol, (IV) III_2,
o-Phenylendiaminsulfonsäure, III_3 (IV), p-Phenyldiaminsulfonsäure III_3 und IV,
Dimethylphenyldiaminsulfonsäure, III_3,
4-Aminophenol-2-Sulfonsäure, IV (III_3),
2-Aminophenol-4-Sulfonsäure, III_3 (IV),
4-Amino-1-Anilinobenzol-2-Sulfonsäure, III_3.

Tuben, Dosen und Flaschen aus Rein-Aluminium

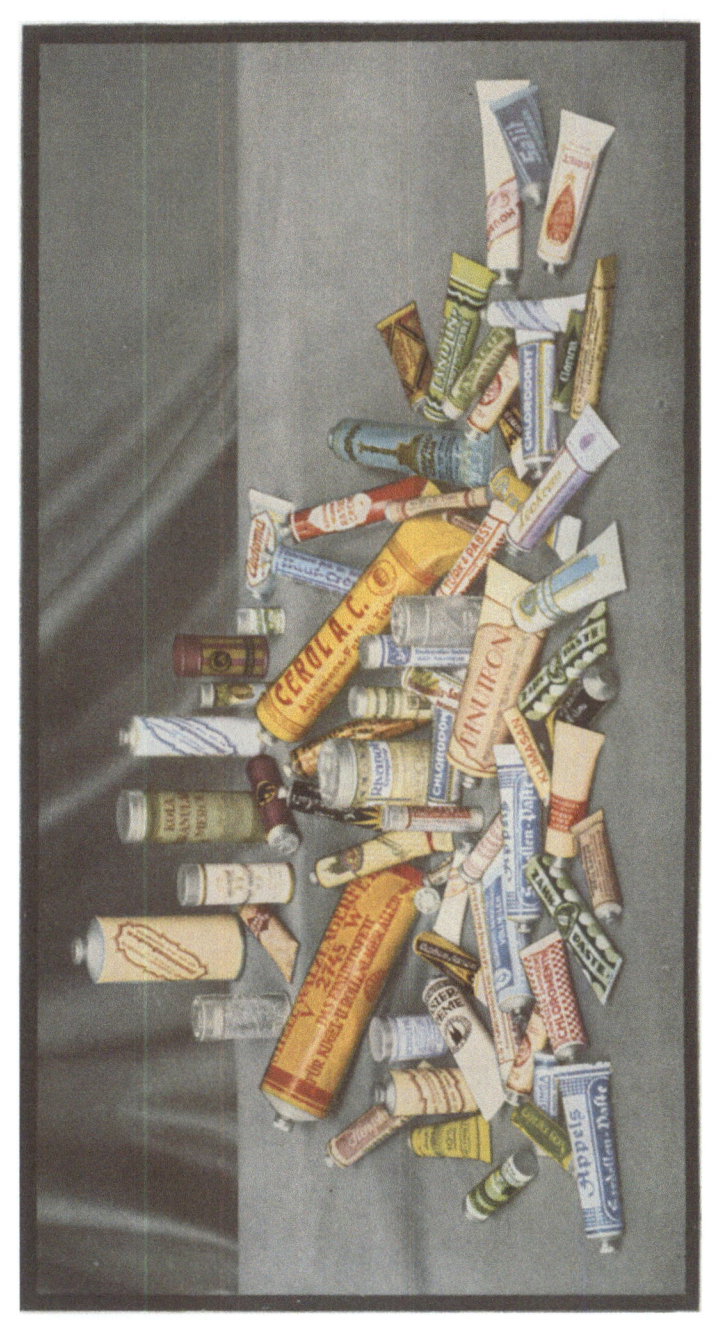

Deutsche Aluminiumtuben-Fabrik Nürnberg 20

Verlag von Julius Springer in Berlin und Wien

Handbuch der gesamten Parfümerie und Kosmetik. Eine wissenschaftlich-praktische Darstellung der modernen Parfümerie einschließlich der Herstellung der Toiletteseifen nebst einem Abriß der angewandten Kosmetik. Von Dr. **Fred Winter,** Wien. Mit 138 Abbildungen im Text. VIII, 947 Seiten. 1927. Geb. RM 69,—

Aus dem Inhalt:

Die Ausgangsmaterialien der Parfümerie und Kosmetik: Riechstoffe (Riechstoffe pflanzlichen Ursprungs, Riechstoffe animalischen Ursprungs, synthetische Riechstoffe), Rohstoffe verschiedener Art (Fettkörper, antiseptische Mittel, Drogen, Farbstoffe). — Die praktische Parfümerie: Studien über die Elementarform der kosmetischen Mittel: Lösungen, Aufschlämmungen, Destillate, Emulsionen, Pomaden und Crèmes, Balsame, Schleime, Gelées, Fluide, Gemenge trockener Pulver, Pasten und plastische Massen, Seife, Pflaster, Papiere, Watte, Collodium, Salze. — Hilfsmethoden: Die Konservierung der kosmetischen Präparate, Färbung. Herstellung der nötigen Tinkturen und Lösungen. — Eigentliche Fabrikationsmethoden und Formularium. — Toiletteseifen: Theoretische und allgemeine Betrachtungen. Die Rohstoffe der Toiletteseifenfabrikation. Die praktische Toiletteseifenfabrikation. Herstellung der Leimseifen. — Die angewandte Kosmetik: Kosmetische Pharmakologie. Die Methoden der praktischen Kosmetik.

Kosmetik. Ein Leitfaden für praktische Ärzte. Von Dr. **Edmund Saalfeld,** Sanitätsrat in Berlin. Sechste, verbesserte Auflage. Mit 20 Abbildungen. IV, 136 Seiten. 1922. RM 4,—

Handbuch der Seifenfabrikation. Von Dr. **Walther Schrauth,** a. o. Professor an der Universität Berlin. Sechste, verbesserte Auflage. Mit 183 Abbildungen. IX, 771 Seiten. 1927. Geb. RM 39,—

Die medikamentösen Seifen. Von Dr. **Walther Schrauth,** a. o. Professor an der Universität Berlin. Ihre Herstellung und Bedeutung, unter Berücksichtigung der zwischen Medikament und Seifengrundlage möglichen chemischen Wechselbeziehungen. Ein Handbuch für Chemiker, Seifenfabrikanten, Apotheker und Ärzte. VI, 170 Seiten. 1914. RM 6,30

SCHIMMEL & Co.   LIESING BEI WIEN

GES. M. B. H.

Gründung in Leipzig 1829 — Stammhaus in **MILTITZ** bei **LEIPZIG** — Gründung in Leipzig vor 100 Jahren

Schwesterfirmen in
BERLIN / BODENBACH / CELJE, S.H.S. / BUDAPEST / HAMBURG

Betriebsstätten in Miltitz bei Leipzig
1,200.000 m² Gesamt-Areal als Anbaufläche, Fabriks-, Wohn-Anlagen u. dgl.

STANDARD-ERZEUGNISSE

BLÜTEN-ÖLE
GRUND-RIECHSTOFFE
PARFÜM-KOMPOSITIONEN
FIXIER-MITTEL
FARBSTOFFE

für

PARFÜME, KÖLNERWÄSSER
TOILETTEWÄSSER, MUNDWÄSSER
ZAHNCREME u. -PULVER
CREMES, PUDER, SCHMINKE
BRILLANTINE, HAARÖLE, POMADEN
ZIMMER-PARFÜME, BADESALZ
TOILETTE-SEIFEN, HAUS-SEIFEN u. dgl.

PREISBLÄTTER, PROBEN und FACHLITERATUR auf VERLANGEN!

MIX
Papier aus verantwortungsvollen Quellen
Paper from responsible sources
FSC® C105338

If you have any concerns about our products,
you can contact us on
ProductSafety@springernature.com

In case Publisher is established outside the EU,
the EU authorized representative is:
**Springer Nature Customer Service Center GmbH
Europaplatz 3, 69115 Heidelberg, Germany**

Printed by Libri Plureos GmbH
in Hamburg, Germany